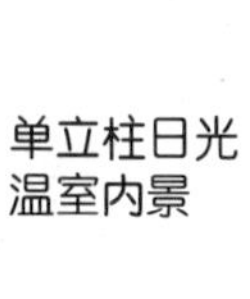

单立柱日光温室内景

在草苫上加盖浮膜保温

日光温室阳光灯

棚膜面上拴一些清尘布条，布条随风左右摆动，自动清除棚膜上的灰尘

温室前裙膜卷起
后覆盖防虫网

日光温室通风天
窗安装 25 ～ 40
目的防虫网

架豆王

碧　丰

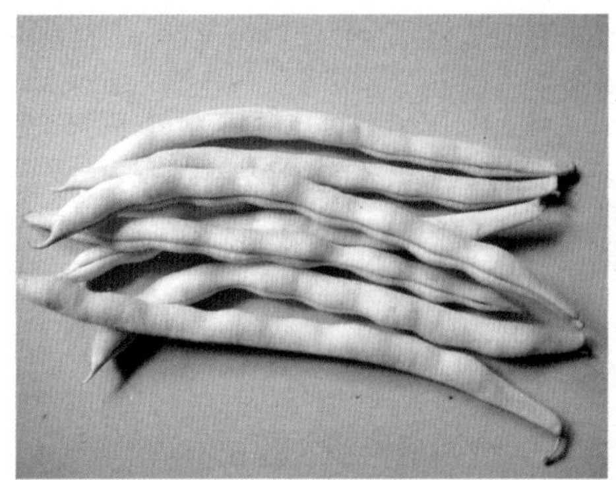
老来少

将军一点红

用尼龙绳吊蔓

打掉菜豆主头，促进分生侧枝

菜豆摘心

菜豆侧蔓盘圈

菜豆吊蔓栽培

菜豆膜下沟暗灌

菜豆锈病

菜豆单蔓整枝栽培

菜豆红斑病

菜豆灰霉病

菜豆炭疽病（叶）

菜豆炭疽病（荚）

菜豆细菌叶斑病

菜豆花叶病

美洲斑潜蝇
为害菜豆

菜豆蓟马

点蜂缘蝽
为害菜豆

豆野螟为害
菜豆植株

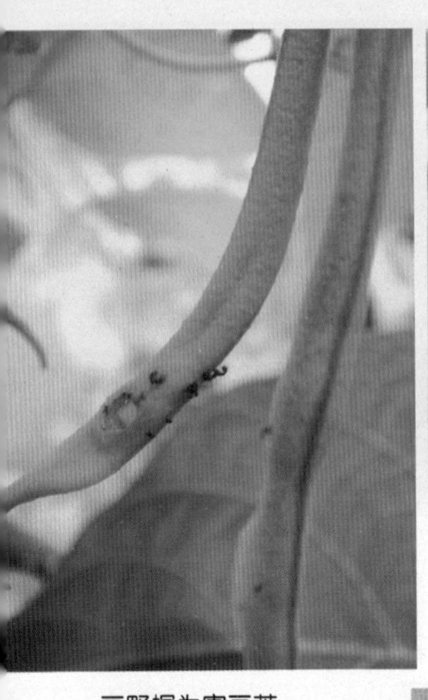

豆野螟为害豆荚

菜豆棉铃虫为害

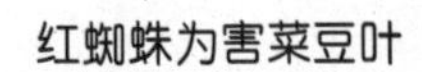

红蜘蛛为害菜豆叶

二十八星瓢虫为害

寿光菜农科学种菜丛书

寿光菜农日光温室菜豆高效栽培

编著者
胡永军　刘丽霞
刘凌君　袁悦强

金盾出版社

内 容 提 要

本书由山东省寿光市农业局胡永军高级农艺师等编著。内容包括日光温室的设计与建造，菜豆新优品种选择，日光温室菜豆育苗技术、多茬次栽培技术、土壤障碍控防技术、肥水管理技术、栽培管理经验与新技术、病虫害防治技术等8章。该书贴近蔬菜生产实际，突出科学性、实用性和可操作性，内容新颖，文字通俗易懂，适合广大农民、蔬菜专业户、蔬菜基地生产者和基层农业技术人员阅读，亦可供农业院校相关专业师生参考。

图书在版编目(CIP)数据

寿光菜农日光温室菜豆高效栽培/胡永军等编著．-- 北京 ：金盾出版社，2011．3
（寿光菜农科学种菜丛书）
ISBN 978-7-5082-6732-6

Ⅰ．①寿… Ⅱ．①胡… Ⅲ．①菜豆—温室栽培 Ⅳ．①S626

中国版本图书馆 CIP 数据核字(2010)第 237612 号

金盾出版社出版、总发行
北京太平路 5 号（地铁万寿路站往南）
邮政编码：100036 电话：68214039 83219215
传真：68276683 网址：www.jdcbs.cn
封面印刷：北京蓝迪彩色印务有限公司
彩页正文印刷：北京金盾印刷厂
装订：永胜装订厂
各地新华书店经销
开本：850×1168 1/32 印张：6.875 彩页：8 字数：155 千字
2011 年 3 月第 1 版第 1 次印刷
印数：1～10 000 册 定价：12.00 元

前　言

山东省寿光市农民种菜虽然有着较悠久的传统，但真正以种植蔬菜闻名全国则是在 20 世纪 80 年代中期。20 世纪 80 年代初，寿光市三元朱村农民在党支部书记、全国优秀共产党员、2009 年被评为“感动中国人物”之一的王乐义同志的带领下，率先试验成功了冬暖式大棚(日光温室)蔬菜生产，从而推动了一场遍及全省乃至全国的“绿色革命”。继而寿光市成为中国最大的蔬菜生产基地，光荣地被国家命名为惟一的“中国蔬菜之乡”。全市蔬菜常年种植面积达到 5.33 万公顷(80 万亩)，总产量达到 40 亿千克，其中日光温室蔬菜面积达到 2.67 万公顷(40 万亩)。寿光市种植蔬菜收入超过当地农业收入的 70%。

寿光市蔬菜生产发展的经验可以总结出许多条，但最根本的经验是依靠科学技术种菜。寿光菜农重视学习蔬菜种植技术，重视总结经验，不断探索和提高蔬菜种植技术水平，因而能不断提高种植效益。特别是近几年，涌现出了不少新典型，摸索和创造出不少新的技术。在寿光市蔬菜生产发展的新形势下，金盾出版社邀请我们围绕“科学种菜”这个主旨，编写一套寿光农民深入开展科学种菜的丛书。为此，我们在市有关部门的支持下，组织市农业局部分农技人员和乡镇一线农业技术人员深入田间地头和农户家中，了解、收集和总结近年来菜农在蔬菜生产中遇到的疑难问题、新的栽培技术和经验以及新的栽培模式，编写了寿光菜农科学种菜丛书。丛书分为《寿光菜农日光温室番茄高效栽培》、《寿光菜农日光温室茄子高效栽培》、《寿光菜农日光温室辣椒高效栽培》、《寿光菜农日光温室黄瓜高效栽培》、《寿光菜农日光温室苦瓜高效栽培》、《寿光菜农日光温室丝瓜高效栽培》、《寿光菜农日光温室冬瓜高效栽培》、《寿光菜农日光温室西葫芦高效栽培》、《寿光菜农日光温室西瓜高效栽培》、《寿光菜农日光温室菜豆高效栽培》10 个分册。丛书力求反映寿光菜农最新种菜技术和经验，力求贴近生产，深入浅出，重视实用性和可操作性；在语言表述上力求简明扼要，通俗易懂。

最后，需要特别说明的是，我们不揣冒昧，在丛书中向广大读者介绍了寿光菜农独创的一些“拿手技术”，虽然这些技术与传统专业书中介绍的有不同之处，但是有它合理和实用的一面，对农民朋友种植蔬菜或许将起到交流、启发和借鉴作用。同时，我们期待将这些体会和做法在生产实践中不断验证、提炼和完善，不断上升到科学的高度。

由于编者水平所限，书中疏漏、不妥之处甚至错误之处在所难免，敬请专家和广大读者批评指正。

丛书编委会

2010 年 9 月

目 录

第一章　日光温室的设计与建造

一、日光温室的设计与建造原则

(一)建造日光温室要因地制宜

寿光的日光温室是根据寿光地理气候的自然条件建立并根据实际情况不断改进和完善的一种模式。有些地区不分地域模仿寿光的模式建造日光温室,是造成日光温室采光性、保温性与实种面积不协调,使蔬菜生产陷入困境的重要原因。

各地建造日光温室时,要根据当地经纬度和气候条件,对日光温室的高度、跨度以及墙体厚度等做好调整,以适应当地条件。如东北地区建造的日光温室如果与山东寿光一样,那么日光温室的采光性和保温性将大为不足;而南方地区的日光温室建造如果与寿光一样,则日光温室的实种面积将受到限制。因此,建造日光温室要根据寿光的经验做到因地制宜。

1. 正确调整日光温室棚面形状和日光温室宽与高的比例　日光温室棚面形状及日光温室棚面角是影响日光温室日进光量和升温效果的主要因素,在进行日光温室建造时,必须从当地情况条件出发,合理选择设计。在各种日光温室棚面形状中,以圆弧形采光效果最为理想。

日光温室棚面角指日光温室透光面与地平面之间的夹角。当太阳光透过棚膜进入日光温室时,一部分光能转化为热能被棚架和棚膜吸收(约占 10%),另一部分被棚膜反射掉,其余部分则透过棚膜进入日光温室。棚膜的反射率越小,透过棚膜进入日光温室的太阳光就越多，升温效果也就越好。最理想的效果是：太阳垂直照射到日光温室棚面，入射角是零，反射角也是零，透过的光照强度最大。简单地说，要使采光、升温与种植面积较好地结合起来，日光温室宽和高的比例就要合适。不同地区合适的日光温室高与宽的比例是不同的。经过试验和测算，日光温室宽与高比值的计算方法可以用下面的公式计算：

日光温室宽∶高＝ctg 理想日光温室棚面角

理想日光温室棚面角＝56°－冬至正午时的太阳高度角

冬至正午时的太阳高度角＝90°－(当地地理纬度－冬至时的赤纬度)

例如，山东省寿光市在北纬 36°～37°，冬至时的赤纬度约为 23.5°(从数学角度看，北半球冬至时的赤纬度应视作负值)，所以寿光市合理的日光温室宽∶高，按以上公式计算约为 2～2.1∶1。河北中南部、山西、陕西北部、宁夏南部等地纬度与寿光市相差不大，日光温室宽∶高基本在 2～2.1∶1 左右。江苏北部、安徽北部、河南、陕西南部等地，纬度较低，多在北纬 34°～36°，冬至时的太阳高度角大，理想日光温室棚面角就小，日光温室宽∶高也就大一些，约在 2.2～2.4∶1。而在北京、辽宁、内蒙古等省(市、自治区)，纬度较高，在北纬 40°地区，日光温室宽∶高也就小一些，约在1.8～1.9∶1。建造日光温室要根据当地的纬度灵活调整。

2. 确定合适的墙体厚度　墙体厚度的确定主要取决于当地的最大冻土层厚度，以最大冻土层厚度加上 0.5 米即可。如山东省最大冻土层厚度在 0.3～0.5 米，墙体厚度 0.8～1 米即可。辽宁、北京、宁夏等地的最大冻土层厚度甚至达到 1 米，墙体厚度需适当加厚 0.3～0.6 米，应达 1.3～2 米。江苏北部、安徽北部、河南等地，最大冻土层厚度低于 0.3 米，墙体厚度在 0.6～0.8 米即可满足要求。如果墙体厚度薄了，保温性差；厚了，则浪费土地和建造日光温室的资金。

在寿光市大跨度半地下日光温室开发设计中，为增加保温贮热能力和便于建设施工。墙体一般基部在3.5米以上，顶部在1.5米左右，墙体内侧基本砌成与栽培床面垂直的墙面，外侧成斜坡，由于建墙的大量用土来自栽培床面，使床面挖深达100厘米左右。通过几年实践证明，由于墙体的加厚，贮热能力加大，墙体的增高，使温室前坡面采光角度增大，增温效果显著，并且通过下挖充分利用了地温，在冬季比非地下温室温度增高3℃～5℃，蔬菜在外界零下27℃的严寒地带照常生长良好。

3. 确定合适的日光温室间距　日光温室建造的方位应坐北朝南，东西延长，这样则日光温室内光照分布均匀。两个日光温室之间如距离过大，则浪费土地；过近，则影响日光温室光照和通风效果，并且固定日光温室棚膜等作业也不方便。

理论上，前后两个温室之间的距离应为多少米，前面的温室才不会遮到后面的温室，是由前面温室的高度和当地冬至时太阳高度角所决定的。冬至时太阳高度角最小，同样的墙体对后面的地块遮荫最多，所以应以当地冬至时太阳高度角来计算。

以寿光市为例，冬至时太阳高度角为29.5°，其余切值就是1.762。它表示前排温室最高点的地面投影到后排温室最前端的距离与前排温室最高点的高度加草苫直径的和的比值是1.762。所以，两个温室之间不遮荫的最小距离＝(前排温室最高点的高度＋草苫的直径)×1.762－前排温室最高点的地面投影到北墙体外缘的距离。

举例说明，假如前排温室的最高点高度是5米，所用草苫直径是1米。前排温室最高点的地面投影到到北墙体外缘的距离是6米。那么建温室时两温室间不遮荫的最小距离就是(5＋1)×1.762－6＝4.572米。

在实际应用中，前排温室墙体后缘到后排温室前缘的合适距离为不遮荫最小距离加一个修正值K，K的具体大小可根据情况自定，K 值大，后排温室光照好，但土地利用率低，K 值小，土地利用率高，但后排温室光照相对较差。在山东、河北等省 K 值通常为 1.2～1.6 米，前排温室墙体后缘到后排温室前缘的合适距离为 5.8～6.2 米。

（二）设计和建造日光温室需要注意的问题

在设计日光温室时，必须依据地理纬度、气候条件、场地面积、地形等自然情况，处理好日光温室的总体尺寸关系，使总体尺寸关系处于适宜范围，才能使日光温室具有采光性强、保温性好、节能和经济实用的独特优点。高度、跨度、长度配合得当，则采光角度和前后坡水平宽度比例适当，采光增温和贮热保温性能都好，日光温室内范围也得当，既能减轻山墙遮荫的影响，也易于控制调节日光温室温度，又有利于作物生长发育和便于人们对作物栽培管理。

老式的“低档日光温室”棚体过矮，过窄，过小，不便于操作，再加上空气湿度大，菜农长期于日光温室内劳动作业，容易患“日光温室综合征”（主要症状是腰、腿疼和肩背不舒服）。20 世纪 80 年代的日光温室大都是高 3 米，跨度为 8 米，长为 50～60 米的泥坯墙体，这种日光温室低矮、空间小，二氧化碳变化大，夜间饱和，白天上午 11 时以后就会缺乏，导致昼夜温差过大，空气湿度大，冬季菜豆生产容易发病。

但日光温室过长，也有缺点：一是日光温室过长、过宽，面积越大，温度升得慢，降得也慢，昼夜温差过小，营养消耗大，不利于菜豆增产；二是日光温室过长，有的东西山墙相隔半里路，运输采摘菜豆时极不方便。

建日光温室的标准不仅要了解地理纬度，还需要了解当地土层深浅等条件。如半地下日光温室只适于土层深厚、地势高燥、地下水位较深的地区，而对于土层薄、或地势低洼，或地下水位浅的低纬度地区（如安徽、江苏淮阴），则不适宜建造。

寿光市日光温室适宜跨度为 9～12 米，墙体厚度为 1.5～4 米，日光温室内走道(水沟)50～70 厘米。不同纬度的地区后墙高度也不一样。可根据日光温室棚体特点采取改进措施：一是采用适宜的日光温室棚面角度。采光由日光温室棚面角度和透光率决定，日光温室棚面角度越大，透光率越高，升温越快；二是选用优质农膜；三是增前坡，缩后坡。如脊高 3 米的日光温室，跨度以 8 米为宜，其中前坡水平宽度以 6 米左右为宜；四是改变日光温室不适当的朝向；五是对于棚体过大过长的日光温室，可于其长度中间设一道内山墙，或用棚膜将其一分为二隔开，这样一来提温快，二来便于操作。

(三)日光温室选址应遵循的原则

日光温室选址要遵循以下原则：①选地势开阔、平坦，或朝阳缓坡的地方建造日光温室，这样的地方采光好，地温高，灌水方便均匀。②不应在风口上建造日光温室，以减少热量损失和风对日光温室的破坏。③不能在窝风处建造日光温室，窝风的地方应先打通风道后再建日光温室，否则，由于通风不良，会导致作物病害严重；同时，冬季积雪过多，对日光温室也有破坏作用。④建造日光温室以沙质壤土为最好，这样的土质地温高，有利于作物根系的生长。如果土质过黏，应加入适量的河沙，并多施有机肥料加以改良。如土壤碱性过大，建造日光温室前必须施酸性肥料加以改良，改良土壤后才能建造日光温室。⑤低洼内涝的地块不能建造日光温室，必须先挖排水沟后再建日光温室；地下水位太高，容易返浆的地块，必须多垫土，加高地面后才能建造日光温室；否则，地温低，土壤水分过多，不利于作物根系生长。⑥建造日光温室的地点水源要充足，交通方便，有供电设备，以便于温室的管理和产品运输。

二、寿光日光温室的结构设计与建造

就骨架材料而言，目前寿光推广的日光温室分为标准型和普通型两种。标准型为单立柱钢筋骨架结构，前坡采用钢管钢筋拱架，无前立柱和中立柱，只有后立柱，后立柱多为钢管。普通型为多立柱钢木混合结构，内设6～7排水泥立柱，采用镀锌管做拱梁，竹竿做拱杆。就跨度而言，寿光日光温室有9.5米、10.2米、11.0米、11.4米、12.1米多种形式；就立柱而言，寿光日光温室分为单立柱结构、六立柱结构、七立柱结构等3种结构。目前，寿光市推广面积最大的日光温室棚型主要有六立柱114型日光温室、七立柱121型日光温室、单立柱110型日光温室3种。

(一)六立柱114型日光温室

1. 结构参数

①温室下挖1米，总宽15.4米，后墙外墙高3.4米，山墙外墙顶高4.7米，墙下体厚4米，墙上体厚1.5米，走道加水渠宽0.6米，种植区宽10.8米。结构为土压墙体，钢筋竹竿混合式拱架。

②立柱6排，一排立柱(后墙立柱)长6.1米，地上高5.3米，至二排立柱距离1米。二排立柱长6.3米，地上高5.5米，至三排立柱距离2米。三排立柱长6.1米，地上高5.3米，至四排立柱距离2.6米。四排立柱长5.3米，地上高4.5米，至五排立柱距离2.8米。五排立柱长4米，地上高3.2米，至六排立柱距离3米。六排立柱(前立柱)长1.8米，地上高1米。

③采光屋面平均角度为23.1°左右，后屋面仰角45°。前立柱与第五排立柱之间、第五排立柱与第四排立柱之间和第四排立柱与第三排立柱之间的平均切线角度，分别是36.3°、24.9°和17.1°左右(图1-1)。

2. 剖面结构图　见图 1-1。

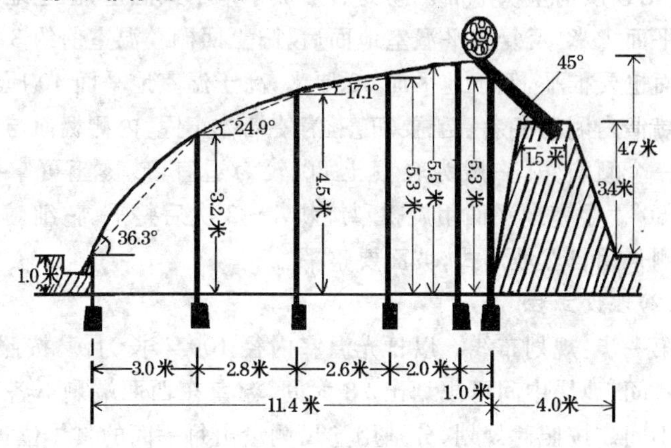

图 1-1　六立柱 114 型日光温室结构图示

3. 建　造

(1)建造墙体　采用推土机和挖掘机相配合的方法建造墙体。将 20 厘米深的熟化土层(阳土)推向棚址南侧,待墙体建完后,整平温室地面阳土再回棚。建墙体的关键是土壤的湿度和墙体的上土厚度。如果打墙前土壤湿度较小,在动工前 5～7 天围埝 30～40 厘米,浇足水,以确保建墙质量。每层的上土厚度是保证墙体质量重要的保障措施,在湿度合适的情况下,地平面以上墙体高度为 3.4 米,一般需要 8～10 层土,每层土都要反复碾压,压一层用挖掘机再抓一层土。如此反复,一直把墙体碾压到要求高度。

把反复压实的墙体雏形用推土机将上口推平,后墙体外墙高度为 3.4 米。沿墙内侧先划好线,用挖掘机切去多余的土,随切随平整地面。墙体后坡形成自然坡。墙体建成后,墙基厚 4 米,上口厚 1.5 米。东西山墙也按相同方法砌好,两山墙顶部靠近后墙中心向南 2.4 米处再起高 1.3 米,建成山墙山顶。山顶向南 0.6 米、2.6 米、5.2 米、8.0 米处分别高度为 4.5 米、4.3 米、3.5 米、2.2

米，使山顶以南呈拱形面。砌完后形成半地下式温室，温室地面低于地平面 1 米，反复整平温室地面后，阳土回棚。温室前约 3 米长的地面也要推平，低于地平面 60 厘米，高于温室地平面 40 厘米。

墙体内侧的多余墙土要切齐，为使墙体牢固，内侧墙面与地面要有一个倾斜角，一般为轻壤土 80°较为适宜，砂壤土可掌握在 75°～80°。温室地平面用旋耕犁旋耕 1～2 次后整平、整细。后墙的外侧采用自然坡形式，坡面要整平。

(2)埋设立柱

第一步：规划布线。以日光温室内径 100 米长为例，按照 3.5 米为一间，地块中间可规划出 28 大间，温室东西两端剩下各 1 米的两小间。按照此规划，分别用卷尺测量出每一间的具体位置，而后南北向进行布线。

第二步：定“标尺”。“标尺”是指用于其他立柱埋设时参照的标准立柱。一般是以温室东西两端的立柱作为“标尺”。以寿光市建造温室为例，温室后墙内高 4.4 米，选用的各排立柱高度分别为：第一排加重立柱 6.1 米(偏北斜 5°)、第二排加重立柱 6.3 米(直立)、第三排立柱 6.1 米(偏南斜 3°)、第四排立柱 5.3 米(偏南斜 5°)、第五排立柱 4 米(偏南斜 5°)。在选好立柱之后，再根据布线图，分别把温室东西两端的两列立柱埋设好即可。立柱的下埋深度均为 80 厘米。

第三步：分次埋柱。以温室东西两端的“标尺”为准，按照由外到内的顺序进行依次埋柱。其方法是：埋设第一排立柱时，先将用于第一排的立柱，从其上端往下测量并标记出 3 米的位置。然后，在“标尺”立柱(从其上端往下)3 米处东西向拉一条标线，立柱埋设好，标线要与立柱的 3 米标记处重合。按照此方法，再埋设第二排立柱，最后，埋设其他各排立柱。

(3)处理后坡　要抓好以下 5 个要点。

要点一：埋设后砌柱。在整平温室后墙顶部后，东西向拉线，分别确定后砌柱的埋设点。先将温室内后墙根处的第一排立柱埋设好,而后分别再把温室东端和西端的两根后砌柱(每根长2米)摆放在第一排立柱之上,并稍加固定,待确定好其与水平线的夹角后,再把后砌柱埋设后,并用铁丝将其与第一排立柱相连接。然后,在埋设好的两根立柱下方,按东西向拉一条工程线,以作参照。其余后砌柱便按照同样的方法,依次埋设好即可。后砌柱的一端要探出第一排立柱约40厘米,以备安装温室骨架。后砌柱的另一端埋入墙内约20厘米。

要点二:铺拉钢丝。首先在温室一端的底部埋设地锚,然后拴系好钢丝,将其横放在后砌柱之上,并每间隔1后砌柱捆绑1次,最后将钢丝的另一端用紧线机固定牢。钢丝间距10~15厘米。

要点三:覆盖保温、防水材料。第一步,选一宽为5~6米、与温室同长的塑料薄膜,一边先用土压盖在距离后墙边缘20厘米处,而后再将其覆盖在"后屋面"的温室钢丝棚面上。温室棚面顶部可再东西向拉一条钢丝,固定塑料薄膜的中间部分。第二步,把事先准备好的草苫或苇箔等保温材料(1.8米宽)依次加盖其上,注意保温材料的下边缘要在塑料薄膜之上。第三步,为防雨雪浸湿保温材料,需再把塑料薄膜剩余部分"回折"到草苫和毛毡之上。

要点四:上土。从温室一端开始,使用挖掘机从温室后取土,然后将土一点点地堆砌在"后屋面"上,每加盖30厘米厚的土层,可用铁锹等工具稍加拍实。另外,要特别注意上土的高度,以不超过温室屋顶为宜,且要南高北低。

要点五:护坡。在平整好"后屋面"土层后,最好使用一整幅塑料薄膜覆盖后墙。温室屋顶和后墙根两处各东西向拉根钢丝将其固定。

(4)处理前坡

①建造前坡面 在两山墙前坡上各放置两排直径为6厘米左右的木棒作垫木,并填草泥促使木棒正好埋入山墙内。

②架置横杆和拱杆　在前斜立柱上端槽口处顺东西方向依次绑好横杆，横杆是直径5厘米的钢管。同时绑好南北坡向的拱杆，拱杆是用长14.5米左右、直径5厘米的钢管。拱杆应呈拱形，并紧紧嵌入各排立柱顶端的槽口中，用12号铁丝穿过立柱槽口下边备制孔，把拱杆绑牢固。拱杆与横杆衔接处要整平整，并用废旧塑料薄膜或布条缠起来，以防扎坏棚膜。绑好后的所有拱杆必须保证在同一拱面上。

③上前坡钢丝　钢丝在拱杆上间隔30厘米均匀铺设，并拉紧固定在两山墙外边的地锚备接钢丝上。最靠温室屋顶部的一根钢丝与后立柱上后砌柱顶端处钢丝之间的距离约为20厘米。拱杆上与拉紧钢丝交叉处用12号铁丝绑牢。

④绑垫杆　在拉紧的钢丝上要绑上垂直于拉紧钢丝的细竹竿，即垫杆。垫杆是用直径2厘米左右、长2～3米的细竹竿，几根细竹竿接起来，接头一定要平滑，从温室前缘一直到棚顶，并用细铁丝紧绑于东西向拉紧的钢丝上。相邻垫杆的间距为60厘米左右。

⑤粘接塑料棚膜　一般选用幅宽为3米、厚度为0.11毫米的4块聚氯乙烯功能滴膜，热压缝5厘米粘成整体棚膜，在整体棚膜覆盖顶部的一边粘上一道2厘米的“裤”，裤里穿上22号钢丝，以备上棚膜后，通过东西拉紧钢丝，固定天窗通风口的宽度，防止棚膜松动。在“裤”下方8米处再粘合一道“裤”，裤里穿上22号钢丝，作为下通风口的固定钢丝用，以防止下通风口通风时棚膜松动。另用2～3米宽、与温室一样长的塑料膜，在一个边都粘合上一道2厘米宽的“裤”，穿上22号钢丝，作为盖敞天窗通风口用。

⑥上棚膜　选择晴朗、无风、温度较高的天气，于中午进行上膜。上膜之前先把塑膜抻直晒软，然后用长7米、直径5～6厘米的4根竹竿分别卷起棚膜的两端，再东西同步展开放到温室前坡架上。当温室屋顶和前缘的人员都抓住棚膜的边缘，并轻轻地拉

紧对准应盖置的位置后，两端的人员开始抓住卷膜杆向东西两端方向拉棚膜，把棚膜拉紧后，随即将卷膜竹竿分别绑于山墙外侧地锚的钢丝上。在上棚膜时，由上坡往下坡展顺膜面，在顶部留出80～100厘米宽与温室等长的天窗通风口不盖整体膜。上完整体棚膜，随即上天窗通风口敞盖膜，将其有裤鼻的一边放在南边(即天窗通风口南边)，先把穿在裤鼻里的14号钢丝连同薄膜一块轻轻地伸展开，当此膜压在整体膜上方靠南20厘米处(即盖过天窗通风口)，拉紧固定在两山墙外的地锚上。后边盖过温室棚脊并向后盖过后坡将其拉紧，用泥巴盖在后坡及温室棚脊上的一边压住，并将泥抹严。在此通风口钢丝上分段设置上5～6组(三间长设1组，每组3个滑轮)敞盖天窗膜的滑轮，以便于顶部通风用。

⑦上压膜线　采取专用的尼龙绳压膜线压棚膜。按前坡拱形面长度加150厘米截成段备用。在上压膜线之前，应事先在温室前东西向每隔1.2米备置好1个地锚，以备拴系压膜线；并将其埋在紧靠温室前缘外，深度40厘米。上压膜线时，上端拴在温室棚脊之后东西向拉紧的钢丝上，拉紧到一定程度后，下头拴在前缘外的地锚上。温室上好压膜线后，垫杆会向上支撑棚膜，而压膜线于两垫杆中间往下压棚膜。

(5)上草苫　草苫一般用稻草和尼龙绳经编制而成，稻草苫的长度一般是从温室棚脊至前窗底脚处地面的长度上再加长1.5米。草苫的厚度和宽度因不同气候、不同地理纬度而不同，在北纬39°～41°的严寒地区，一般草苫为6厘米厚，1.1～1.3米宽。在北纬36°～38°的地区，一般草苫的厚度为5厘米左右、宽度1.3～1.5米。在北纬35°以南地区，一般草苫厚3～4厘米、宽1.4～1.5米。每床草苫的重量为50～100千克。上草苫的方法有两种：一种是在温室屋顶的后边有一道东西拉紧的钢丝把草苫从后坡搬至温室屋顶后部，一端固定在铁丝上，同时在草苫底下固定两根套拉草苫的拉绳，每根拉绳的长度应为草苫长度的2倍再加长2米，拉绳最好是尼龙防滑绳或麻绳，以便于放、拉草苫；另一种是把草苫搬在温室前，从棚面上铺上温室屋顶，顶部固定在后坡钢丝上。草苫的覆盖方法也有两种：一种是从东至西依次摆放，覆盖时采取覆瓦状，即西边一床草苫的东边压着相邻东边一床草苫的西边 10 厘米，从温室的后坡顶部覆盖到前坡前窗脚前的地面。最西边草苫的西边，要用一条尼龙绳或麻绳从后坡顶部至前坡前窗脚压紧，防止大风揭帘；另一种是从东至西先隔 1 个草苫覆盖 1 个草苫，盖到温室西边后，再由西到东把未覆盖处用草苫覆盖，使每张草苫两边压着相邻草苫的相邻边。现在电动卷帘机的使用已普及，在使用电动卷帘机时上草苫的方法基本与第二种方法相同。

(二)七立柱 121 型日光温室

1. 结构参数

①温室下挖 1 米，总宽 16.1 米，后墙外墙高 3.6 米，后墙内墙高 4.6 米，山墙外墙顶高 5 米，墙下体厚 4 米，墙上体厚 1.5 米，内部南北跨度 12.1 米，走道设在温室内最南端(与其他棚型相反)，也可设在温室内北端，走道加水渠宽 0.6 米，种植区宽 11.5 米。

②立柱 7 排，一排立柱(后墙立柱)长 6.4 米，地上高 5.6 米，至二排立柱距离 1 米。二排立柱长 6.6 米，地上高 5.8 米，至三排立柱距离 2 米。三排立柱长 6.4 米，地上高 5.6 米，至四排立柱距离 2 米。四排立柱长 5.8 米，地上高 5 米，至五排立柱距离 2.2 米。五排立柱长 5 米，地上高 4.2 米，至六排立柱距离 2.4 米。六排立柱长 3.8 米，地上高 3 米，至七排立柱距离 2.5 米。七排立柱(戗柱)长 1.8 米，地上与棚外地平面持平，高 1 米。

③采光屋面平均角度 23.1°左右，后屋面仰角 45°。前立柱与六排立柱间、六排立柱与五排立柱间、五排立柱与四排立柱间和四排立柱与三排立柱间的平均切线角度，分别是 38.7°、26.6°、20°和 16.7°左右(图 1-2)。

2. 剖面结构图

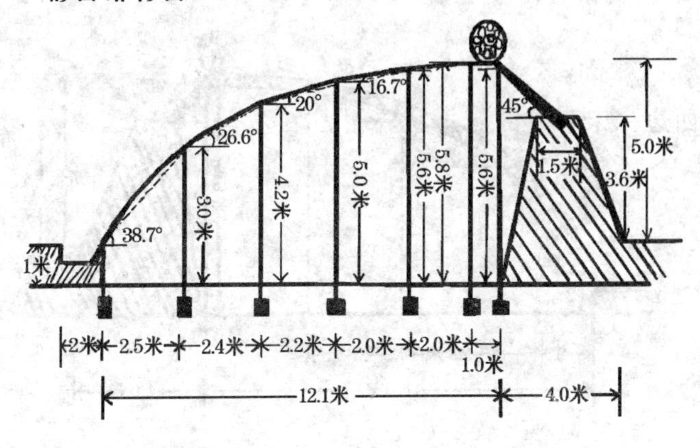

图 1-2 七立柱 121 型日光温室结构图示

3. 建造 依据结构参数，参照六立柱 114 型日光温室建造技术进行建造。

(三)单立柱 110 型日光温室

1. 结构参数

①单立柱钢筋骨架结构日光温室，下挖 1 米，总宽 15 米，内部南北跨度 11 米，后墙外墙高 3.4 米，后墙内墙高 4.4 米，山墙外墙顶高 4.7 米，墙下体厚 4 米，墙上体厚 1.5 米，走道和水渠设在温室内最北端，走道加水渠宽 0.6 米，种植区宽 10.4 米。

②仅有后立柱，种植区内无立柱。后立柱地上高 5.3 米。

③采光屋面参考角平均角度为 23.1°左右，后屋面仰角为 45°左右。前窗与距前窗檐 3 米处、距前窗檐 3 米处与距前窗檐 5.8 米处、距前窗檐 5.8 米处与距前窗檐 8.4 米处的平均切线角度分别为 36.3°、24.9°和 17.1°左右(图 1-3)。

2. 剖面结构图

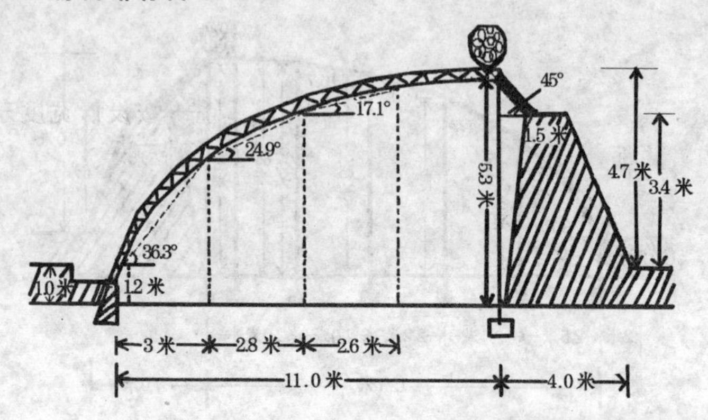

图 1-3 单立柱 110 型日光温室结构图示

3. 建造

(1)建造墙体　同六立柱 114 型日光温室。

(2)预制墙顶　墙体砌好后，从顶部内缘平铺一层 0.06 厘米的塑料薄膜，一直铺到外墙底部，以防止漏雨浸垮墙体。在内墙墙缘向北 0.6 米处，东西向每 1.5 米埋一块预埋铁，以备焊接钢梁用。

(3)埋设后立柱基座　每隔 1.5 米在紧靠后墙体内侧挖 1 个 0.3 米×0.3 米×0.4 米深的坑预制水泥基座，并下预埋铁块以便焊接后立柱用。

(4)焊制钢架拱梁　①温室内每隔 1.5 米设钢架拱梁 1 架，100 米温室共计 66 架拱梁。②焊制前坡拱梁要选取国标 3.96 厘米(1.2 寸)镀锌管与 3.3 厘米(1 寸)镀锌管焊成双弦(或 3 弦)拱架，用 6.5 毫米钢筋拉花焊成直角形。主要采光面平均角为 23.1°。③找一平整场地，根据日光温室宽度、高度和前坡棚面角角度，在地面做一模型，在模型线上固定若干夹管用的铁桩，根据模型焊制钢梁，这样既标准又便利，钢架采用上下两层镀锌管，中间焊接三角形圆钢支撑柱，上层受力大用 3.96 厘米（1.2 寸）钢管，下层用 1 寸钢管，焊好待用。

(5)前缘埋设钢梁预埋件　在日光温室前缘按设计宽度东西向砌直并垂直于日光温室栽培面，夯实地基，东西向每隔 1.5 米（与后立柱对齐）埋设 1 个预埋件，以备钢梁安装时焊接钢梁用。

(6)焊接立柱　用 8.25 厘米（2.5 寸）钢管做立柱，在栽培面以上 5.3 米东西向每隔 1.5 米焊接 1 根于立柱基座上，焊接时向北倾斜 5°，加大支撑后坡的压力与重力，立柱上端顺前坡方向焊接 1 块 7 厘米长的 5×5（5 厘米×5 厘米，下同）角铁。

(7)制后坡上棚架　截取 1 米长 5×5 角铁 1 根在立柱顶端向下 0.9 米处南北焊接，南端焊在立柱上，北端焊在后墙预埋件上，再截取 1 根 1.8 米长的 5×5 角铁，上端焊在立柱顶端，下端焊接在与后墙预埋件上，后坡形成等腰三角形（即后坡角度为 45°），再顺东西向沿立柱上端外侧，焊接 1 根 5×5 角铁，东西两端焊接于两山墙预埋件上，从此向下在 1.8 米长的角铁上等间距焊接 2 根相同的角铁，后坡焊好后即可上拱梁，拱梁南北向后端焊接与立柱顶端 5×5 角铁上，下缘焊于立柱上，前端焊接于前缘预埋件上。注意一定要使钢梁向下垂直地面，南北向垂直于后墙。

(8)拉钢丝　拉钢丝的方法同六立柱 114 型日光温室。

(9)上后坡　在北纬 34°～38°之间，后坡保温采用 10 厘米厚聚氨酯泡沫板，长度以上端扣在上部角铁内，下部放在后墙顶部为宜。为节约建棚费用，在纬度 34°以南地区，由于天气寒冷程度较差，保温板可适当薄一些，而在纬度 38°以北地区还要加厚。保温板铺好后放一层钢网、水泥预制板 10 厘米厚，也可用水泥板替代预制板，但是水泥板易开裂不利于防水。

(10)上棚膜和上草苫　膜下垫杆捆扎，上棚膜和上草苫同六立柱 114 型日光温室。

三、日光温室保温覆盖形式

(一)日光温室保温覆盖主要方法

1. 塑料薄膜(浮膜)+草苫+日光温室薄膜 简称“两膜一苫”覆盖形式,在山东省寿光市统称“日光温室浮膜保温技术”。浮膜覆盖是日光温室深冬生产菜豆时,傍晚放草苫后在草苫上面盖上一层薄膜,周围用装有少量土的编织袋压紧。浮膜一般用聚乙烯薄膜,幅宽相当于草苫的长度,浮膜的长度相当于日光温室的长度,厚度0.07~0.1毫米。

该覆盖形式有以下优点:①保温效果好,深冬夜间温室内温度浮膜比不浮膜的高出2℃~3℃。②草苫得到保护,盖浮膜的日光温室比不盖的草苫能延长使用1~2年。③减轻劳动强度,过去在冬季夜晚,如果遇到雨雪天气,都要冒雨、冒雪到日光温室上把草苫拉起,防止雨水淋湿草苫或雪无法清除,如果盖上浮膜后再遇到雨雪天,可放心在家休息。

目前浮膜大都是普通的塑料膜,保温性能较差。寿光市的菜农在实践中发现一种“有色”浮膜,其浮膜正面为黑色,反面为白色,用起来效果很好,其优点是:太阳出来后,吸热快,浮膜上的霜冻融化得也快,能较早拉起棚来,增加温室内的光照时间,提高温室温度,有利于菜豆的生长。另外,该膜要比一般棚膜厚,抗拉性强,耐老化,价格也不是很贵。

此项技术起源于三元朱村,在寿光市科技人员的努力下,得到了很好的推广,目前有90%的日光温室用上了这项技术。

2. 塑料薄膜(浮膜)+草苫+日光温室薄膜+保温幕 该覆盖形式是在“两膜一苫”覆盖形式的基础上,在日光温室内再增加一层活动的薄膜棚,利用两层农膜把温室内热量积聚起来,不易散发，从而提高保温性能，可较单一的“两膜一苫”覆盖形式提高温度3℃～5℃。这种保温覆盖形式主要用于深冬季节，特别是出现连续阴雪天气时，其他季节一般不用。在山东省寿光市该覆盖形式统称“棚中棚”。“棚中棚”具体建造方是：在温室内吊蔓钢丝的上部再覆上一层薄膜，薄膜覆上后用夹子将其固定；在日光温室前端距棚膜50厘米处，顺应日光温室膜的走向设膜挡住；在日光温室后端、种植作物北边，上下扯一层薄膜，其高度与上部膜一致，该膜不固定，以便于通风排湿。

“棚中棚”的管理与温室一样，晴天拉开草苫，当温室内温度不再明显下降时，要及时拉开二层内棚，寒流过后可把内棚全放开，以增加光照。“棚中棚”在管理中应注意早晨不宜过早通风，要在温室内见光1小时后考虑通风，一是增加光合作用强度，提高温室内二氧化碳利用率，使光合作用能顺利进行；二是晚通风，升温快，能降低温室内空气湿度，达到减轻病害的目的。在连续阴雨雪天时温室内以保温为主，可不通风，但天气突然放晴时，要注意拉花帘缓慢通风，以免植株适应不了外界条件而出现萎蔫的情况，从而发生死棵现象。

3. 日光温室前脸设置三幅保温膜　在深冬季节，如何有效地进行温室保温呢？寿光市有经验的菜农在温室内设置了第二层膜（“棚中棚”），效果良好。可是，温室前脸处由于没有墙体的保护，到了夜间，易与外界空气和土层发生热量交换，使得该处降温幅度较大，不利于菜豆秧苗的正常生长。在温室前脸处设置三幅保温膜，很好地解决了保湿问题。

第一幅膜：设置在最靠近温室前脸棚膜处，两者间距10厘米左右。第一幅膜采用1.6米白色地膜即可。在温室前脸处，先东西向拉一根细钢丝，注意要在垫杆下方。而后将薄膜的上边缘用胶带粘在钢丝上，上下拉紧后，用土将其下边缘压住。该膜的作用，一是可阻隔顺着棚膜流淌下的水滴蒸发，降低温室内湿度；二是形成隔层，减少温室内外的热量交换。

第二幅膜：设置位置在第一幅的内侧，两者之间同样间隔10厘米左右。该幅膜与温室内的二膜一并设置，二膜，即设置在温室内吊蔓钢丝上的保温膜。同样，温室前脸处的二膜直接依次固定在南北向吊蔓钢丝上，其下边缘也用土压住即可。设置好温室内二膜以后，菜豆秧苗就相当于处在一间平房内，从而增强了保温性。

第三幅膜：该膜处在二膜的内侧，为了设置方便，需用竹条搭设拱架，即竹条一头插在土里，另一头弯向北侧，最后捆绑在温室内立柱上。待竹条搭设好，便可在其上覆盖第三幅保温膜，上边缘用胶带粘，下边缘用土压。第三幅膜最好做成活动式的，白天可撤下以提高温度，夜间覆上保温。三幅保湿膜具体设置方法见图1-4。

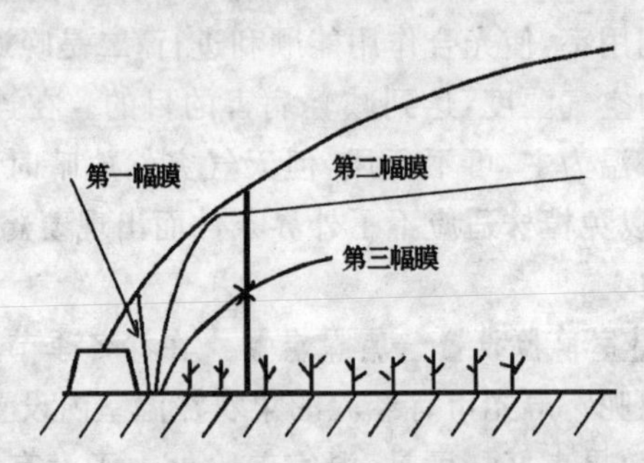

图1-4 日光温室前脸设置三幅保温膜图示

(二)棚膜的选择

目前日光温室的覆盖材料主要是塑料薄膜，其中最常用的棚膜按树脂原料可分为PVC(聚氯乙烯)薄膜、PE(聚乙烯)薄膜和EVA(乙烯-醋酸乙烯)薄膜3种。这3种棚膜的性能不同，PVC棚膜保温效果最好，易粘补，但易污染，透光率下降快；PE棚膜透光性好，尘污易清洗，但保温性能较差；EVA 棚膜保温性和透光率介于 PE 和 PVC 棚膜之间。在实际生产中，为增加棚膜的无滴性，常在树脂原料中添加防雾剂，PVC 棚膜和 EVA 棚膜与防雾剂的相容性优于 PE 棚膜，因而无滴持续时间较长。据调查，目前我国生产的 PE 多功能膜的无滴持续时间一般为 2～4 个月，PVC 和 EVA 棚膜可达 4～6 个月。当前，PE 棚膜应用最广，数量最大，其次是 PVC 棚膜，EVA 棚膜也开始试用。

生产中按薄膜的性能、特点，棚膜又分为普通棚膜、长寿棚膜、无滴棚膜、长寿无滴棚膜、漫反射棚膜和复合多功能棚膜等。其中普通棚膜应用最早，分布最广，用量最大；其次是长寿棚膜和无滴棚膜。近年来，长寿无滴棚膜也有了较快的发展。目前我国生产的棚膜主要有以下几种。

1. PE（聚乙烯）普通棚膜 这种棚膜透光性好，无增塑剂污染，尘埃附着轻，透光率下降缓慢，耐低温（脆化温度为－70℃）；密度轻（0.92），相当于 PVC 棚膜的 76%，同等重量的 PE 膜覆盖面积比 PVC 膜增加 24%；红外线透过率高达 87%～90%，夜间保温性能好，且价格低。其缺点是透湿性差，雾滴重；不耐高温日晒，弹性差，老化快，连续使用时间通常为 4～6 个月。日光温室上使用基本上每年都需要更新，覆盖日光温室越夏有困难。PE 普通棚膜厚度为 0.06～0.12 毫米，幅宽有 1 米、2 米、3 米、3.5 米、4 米、5 米等规格。

2. PE 长寿（防老化）棚膜 在 PE 膜生产原料中，按比例添加紫外线吸收剂、抗氧化剂等，以克服 PE 普通棚膜不耐高温日晒、易老化的缺点。其他性能特点与 PE 普通膜相似。PE 长寿棚膜是我国北方高寒地区温室越冬覆盖较理想的棚膜，使用时应注意减少膜面积尘，以保持较好的透光性。PE 长寿膜厚度一般为 0.12 毫米，宽度规格有 1 米、2 米、3 米、3.5 米等，可连续使用18～24 个月。

3. PE复合多功能膜 在PE普通棚膜中加入多种特异功能的助剂，使棚膜具有多种功能。如北京塑料研究所生产的多功能膜，集长寿、全光、防病、耐寒、保温为一体，在生产中使用反应效果良好。在同样条件下，其夜间保温性比普通PE膜提高1℃～2℃，每667平方米温室使用量比普通棚膜减少30%～50%。复合多功能膜中如果再添加无滴功能，效果将更为全面突出。PE复合多功能膜厚0.06～0.08毫米，幅宽1米、1.5米、2米、4米、8米，有效使用寿命为12～18个月。

4. PVC(聚氯乙烯)普通棚膜 透光性能好，但易粘吸尘埃，且不容易清洗，污染后透光性严重下降。红外线透过率比PE膜低(约低10%)，耐高温日晒，弹性好，但延伸率低。透湿性较强，雾滴较轻；比重大，同等重量的覆盖面积比PE膜小20%～25%。PVC膜适于作夜间保温性要求高的地区和不耐湿作物设施栽培的覆盖物。PVC普通棚膜厚度为0.08～0.12毫米，幅宽1米、2米、3米，有效使用期为4～6个月。

5. PVC双防膜(无滴膜) PVC普通棚膜原料配方中按一定配比添加增塑剂、耐候剂和防雾剂，使棚膜的表面张力与水相同或相近，薄膜下面的凝聚水珠在膜面可形成一薄层水膜，沿膜面流入温室底部土壤，不至于聚集成露滴久留或滴落。由于无滴膜的使用，可降低温室内的空气湿度；露珠经常下落的减少可减轻某些病虫害的发生。更为重要的是，由于薄膜内表面没有密集的雾滴和水珠，避免了露珠对阳光的反射和吸收，增强了温室光照，透光率比普通膜高30%左右；晴天升温快，每天低温、高温、弱光的时间大为减少，对设施中作物的生长发育极为有利。但透光率衰减速度快，经高强光季节后，透光率一般会下降至50%以下，甚至只有30%左右；旧膜耐热性差，易松弛，不易压紧。同时，PVC无滴棚膜与其他棚膜相比，密度大，价格高。PVC双防膜厚度为0.12毫米，幅宽有1米、2米、3米等规格，有效使用期8～10个月。

6. EVA 多功能复合膜 这是针对 PE 多功能膜雾度大、流滴性差、流滴持效时间短等问题研制开发的高透明、高效能薄膜。其核心是用含醋酸乙烯的共聚树脂，代替部分高压聚乙烯，用有机保温剂代替无机保温剂，从而使中间层和内层的树脂具有一定的极性分子，成为防雾滴剂的良好载体，流滴性能大大改善，雾度小，透明度高，在日光温室上应用效果最好。EVA 多功能复合膜厚度为 0.08～0.10 毫米，幅宽有 2 米、4 米、8 米、10 米。

(三)对草苫的要求及草苫的覆盖形式

1. 对草苫的要求

(1)草苫要厚 一般成捆的草苫平均厚度应不小于 4 厘米。

(2)草苫要新 新草苫的质地疏松，保温性能比较好，陈旧草苫质地硬实，保温效果差，不宜选用。另外，要选用用新草编制的草苫，不要选用陈旧草或发霉的草编制草苫。

(3)草苫要干燥 干燥的草苫质地疏松，保温性好，便于保存，而且重量轻，也容易卷放。

(4)草苫的密度要大 草苫密度大的保温性能好，最好用人工编制的草苫，不要用机器编制的草苫，机器编制的草苫多比较疏松，保温性差，也容易损坏。

(5)草苫的经绳要密 经绳密的草苫不容易脱把、掉草，草把间也不容易开裂，草苫的使用寿命长，保温性能也比较好。一般幅宽为 1.2 米的草苫，其经绳道数应不少于 8 道。

2. 草苫的覆盖形式 日光温室覆盖草苫，一般采用“品”字形覆盖法，即在覆盖草苫时，在温室棚面上呈“品”字形摆放，其中两个草苫在下，中间预留 30～40 厘米的空隙，待底层草苫覆盖完毕后，再在每两个草苫中间加盖 1 个草苫，以增强温室的整体保温效果。此法覆盖草苫，既方便人工拉放草苫，又适合使用卷帘机拉放草苫。

传统的草苫覆盖法，多为上面草苫压盖下面草苫，除了保温效果不及“品”字形覆盖法外，而且由于传统覆盖法是将草苫连接在一块，两个草苫之间重合面积小，一旦遇到大风，还易被逐个刮起。另外，传统覆盖法仅适合于人工拉放单个草苫，不适合使用卷帘机整体拉放草苫。卷帘机通过卷杆把所有草苫一块上卷，草苫采用传统覆盖法覆盖，使用卷帘机拉起后，易出现倾斜，危险系数增大。

草苫“品”字形覆盖法的具体操作流程可分以下几步：第一步，布设固定钢丝。为了防止草苫下滑脱落，需在温室后墙上沿东西方向布设一条固定钢丝，将草苫一头固定在钢丝上。具体方法是：先在温室后墙的东西两侧埋设深50厘米的地锚，然后把钢丝一头拴在地锚扣上，另一头再用紧线机拉紧即可。第二步，摆放草苫。根据温室的长度和草苫的规格，确定使用草苫的数量。而后把所有草苫一一摆放在温室的后墙上待用。在一般情况下，宽度约1.6米的新草苫，两个成年人从温室东墙或西墙上便可将草苫抬放到温室后墙上。若使用2.5～3米宽的加宽草苫，这种草苫较重，不便于人工抬放，可以使用小型吊车，从温室的后面逐一将草苫吊放上去。第三步，覆盖草苫。在草苫按照顺序摆放到温室后墙上后，先用铁丝将草苫的一头固定在东西方向的钢丝上，再逐一把草苫沿着棚面滚放下来，呈“品”字形摆放。假若人工拉放草苫，宜提前把拉绳放在草苫下面；若使用卷帘机拉放草苫，在草苫摆放调整好后，将其下端固紧在卷杆上，而后开动卷帘机，试验一下拉放效果。若草苫出现倾斜，应先停止卷帘机，再进行调整，以防止发生意外事故。

3. 草苫的揭盖管理 草苫的揭盖直接关系到日光温室内的温度和光照。在揭盖管理上，应掌握上午揭草苫的适宜时间，以有直射光照射到前坡面，揭开草苫后温室内气温不下降为宜。盖草苫的时间，原则上在日落前温室内气温下降至15℃～18℃时覆盖。正常天气掌握上午8时左右揭，下午4时左右盖。一般雨雪天，温室内气温不下降就要揭开草苫。大风雪天，揭草苫后温室内温度明显下降，可不揭开草苫，但中午要短时揭开或随揭随盖。连续阴天时，尽管揭苫后温室内气温下降，仍要揭开草苫，下午要比晴天提前盖草苫，但不要过早。连续阴天后的转晴天气，切不可猛然全部揭开草苫，应陆续间隔揭开；中午阳光强时可将草苫暂时放下，至阳光稍弱时再揭开。雪天及时清扫草苫上的积雪，以免化雪后将草苫浸湿。在最寒冷天气，夜间温室内最低温度出现10℃以下低温时，应在草苫上再加盖旧薄膜或一层草苫，前窗加围苫。

四、寿光日光温室的主要配套设施

(一)顶风口

1. 顶风口的设置　日光温室前屋面的上面留出一条长、宽约50厘米的通风带，通风带用一幅宽为1～1.5米的窄膜单独覆盖。窄幅膜的下边要折叠起一条缝，将缝边粘住，缝内包一根细钢丝，上膜后将钢丝拉直。包入钢丝的主要作用，一是通风口合盖后，上下两幅膜能够贴紧，以提高保温效果；二是开启通风口时，上下拉动钢丝，不损伤薄膜；三是上下拉动通风口时，用钢丝带动整幅薄膜，通风口开启的质量好，工效也高。

2. 通风滑轮的应用　过去的日光温室覆盖的棚膜为一个整体，通风时要一天几次爬到温室屋顶上去，既增加了劳动强度，又不安全；而通风滑轮的应用是1个日光温室上覆盖大、小2块棚膜，通过滑轮和绳索调节通风口的大小，既节约时间，又安全省事。

安装方法：将定滑轮A和B固定在窄幅膜下的温室棚架下方(在膜下面)，定滑轮C固定在宽幅膜下的棚架上(在膜上面)。为保护棚膜，可把定滑轮C固定在压膜线上，把通风绳、闭风绳的一端均拴在窄幅膜下边的细钢丝上，最后将通风绳绕过定滑轮A、闭风绳依次绕定滑轮 B 和定滑轮 C 即可。通风时，拉动通风绳；闭风时，拉动闭风绳。平常为了预防通风口扩大或缩小，可把两绳拉紧，系在温室内的立柱或钢丝上(图 1-5)。

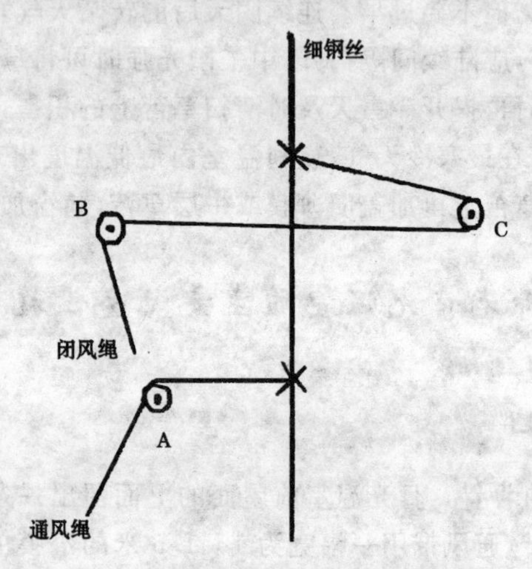

图 1-5　通风滑轮安装图示

3. 顶风口处设挡风膜　在冬季，尤其是深冬期，在日光温室通风口处设置挡风膜是非常必要的。其好处：一是可以缓冲温室外冷风直接从风口处侵入，避免冷风扑苗；二是因通风口处的棚膜多不是无滴膜，流滴较多，设置挡风膜可以防止流滴滴落在下面的菜豆叶片上。在夏季，挡风膜可阻止干热风直接吹拂在菜豆叶片上，减轻病毒病的发生。

挡风膜设置简便易行，就是在日光温室风口下面设置一块膜，长度和温室长相等，宽为 2 米，拉紧扯平，固定在日光温室的立柱和竹竿上，固定时要把挡风膜调整成北低南高的斜面，以便使挡风膜接到的露水顺流到日光温室北墙根的水渠内。挡风膜的设置位置见图 1-6 所示。

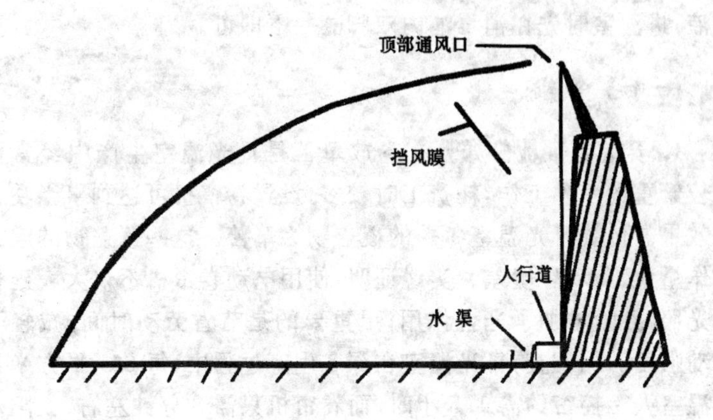

图 1-6 挡风膜的设置图示

挡风膜的安装方法是：将宽度为 2 米的挡风膜的两侧用粘膜机粘一个 2～3 厘米的“布袋”，然后上侧“布袋”中穿一根比温室长出 6～8 米的钢丝，固定在通风口下南边 30～40 厘米的地方，将钢丝固定在温室两头外侧的地铆上，用紧线机抻紧。接着，每隔 15 米使用铁丝将缓冲膜的钢丝与棚面上的钢丝或拱杆固定一下，防止缓冲膜中间下垂。缓冲膜下部使用与温室长度等长的钢丝，穿在缓冲膜“布袋”内抻紧，固定在温室内后侧的立柱上即可。

(二)消 毒 池

近年来，日光温室土传病害越来越严重，其中人为传播是重要原因。因为生产人员鞋底所带的病菌进温室后即可成为病源，引起土传病害的暴发，所以菜农在帮工时所穿的鞋若不注意杀菌消毒，会造成土传病害的传播。

寿光菜农在温室门口设置的消毒池，可对进入人员的鞋底进行杀菌。消毒池的设置方法为：在温室门口设置一个长为 50 厘米、宽为 40 厘米、深为 5～8 厘米的池子，池内放置高锰酸钾等消毒液,进温室时先在消毒池内双脚蘸一下即可。

(三)卷帘机

1. 安装卷帘机的好处 卷放草苫是日光温室生产中经常而又较繁重的一项工作,耗费工时较多,设置卷帘机可达到事半功倍的效果。传统日光温室冬季的覆盖物为草苫。这些覆盖物的起放工作量大、劳动环境差。实践证明:使用电动卷帘机不仅大大延长了光照时间,增加了光合作用,更重要的是节省劳动时间,减轻了劳动强度。据调查,日光温室在深冬生产过程中,每667平方米日光温室人工控帘约需1.5小时,而卷帘机只需8分钟左右,太阳落山前,人工放帘需用1小时左右。由此看来,每天若用卷帘机起放草苫,比人工节约近2小时的时间,同时延长了室内宝贵的光照时间,增加了光合作用时间。另外,使用电动卷帘机对草苫保护性好,延长了草苫的使用寿命,既降低生产成本,同时因其整体起放,其抗风能力也大大增强。

目前,寿光市80%的日光温室安装了卷帘机。

2. 日光温室卷帘机类型 日光温室卷帘机类型:目前使用的卷帘机有两大类型:一种是前屈伸臂式,包括主机、支撑杆、卷杆三大部分,支撑杆由立杆和横杆构成,立杆安装在日光温室前方地桩上,横杆前端安装主机,主机两侧安装卷杆,卷杆随温室棚体长短而定;另一种是轨道式,包括主机、三相电动机、轨道大架、吊轮支撑装置、卷杆等构成。主机两侧安装卷杆,卷杆随温室棚体长短而定。

3. 屈臂式卷帘机安装步骤

第一步,预先焊接各连接活动结、法兰盘到管上。根据温室长度确定卷杆强度(一般60米以下的温室用直径60毫米高频焊管、壁厚3.5毫米;60米以上的温室,除两端各30米用直径60毫米管外,主机两侧用直径75毫米、壁厚3.75毫米以上的高频焊管)

和长度;焊接卷杆上的间距用0.5米一根的高约3厘米的圆钢,立杆与支撑杆的长度和强度:在机头与立杆支点在同一水平的前提下,立杆和支撑杆长度的总和等于温室内跨度加5米,支撑杆长度比立杆短20～30厘米;长度超过60米的日光温室一般支撑杆需用双管(图1-7)。

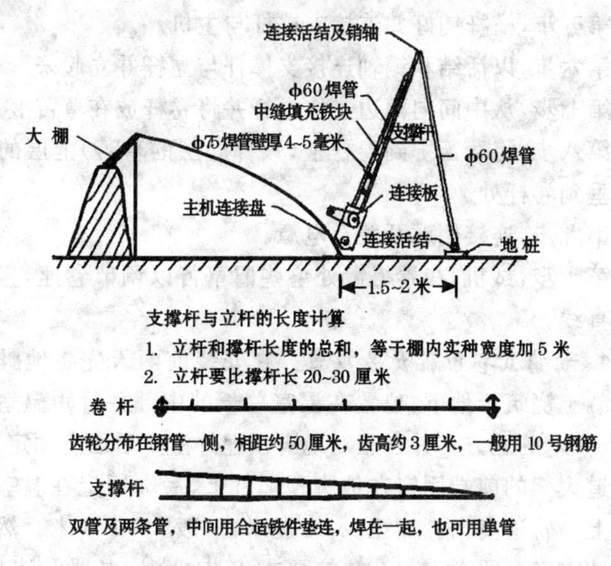

图1-7 屈臂式卷帘机安装示意

第二步,草苫或保温被准备。草苫要求厚度均匀,长短一致,垂直固定于卷杆之上,并按“品”字形排列。注意草苫两边交错量要保持一致,若新旧草苫混用时一定要相间排列,尽量做到其左右对称,以免草苫卷动不同步和整体跑偏。

第三步,铺设拉绳。拉绳的作用是用来减轻卷帘机自身重量和卷动作用力对草苫的不良影响。拉绳的合理使用直接关系着草苫的使用寿命和机器的同步与跑正,拉绳的一端固定于温室顶地锚钢丝上，另一端固定于温室下卷帘机的卷轴上，要求每条拉绳工作长度及松紧度保持一致，统一标准。

第四步，在温室前约正中间，距温室 1.5～2 米处做立杆支点，用直径 60 毫米、长约 80 厘米左右焊管与立杆“T”形焊接作为底座立在地平面，并在底座南侧砸两根圆钢以防止往南蹬走。

第五步，横杆铺好并连接支撑杆与主机。

第六步，以活结和销轴连接支撑杆与立杆并立起来。

第七步，从中间向两边连接卷杆并将卷杆放在草苫上。

第八步，将草苫绑到卷杆上(只绑底层的草苫)上层的草苫自然下垂到卷杆处。

第九步，连接倒顺开关及电源。

第十步，试机，在卷得慢处垫些旧草苫以调节卷速，直至卷出一条直线。

4. 轨道式卷帘机安装步骤 在安装前两天先将地脚预埋件用混凝土浇筑于地下，位置在温室总长的中部并且距温室棚面前方 2～3 米的地方。并在正对地脚预埋件温室后墙上固定预埋件。将轨道大架的前端固定在地脚预埋件上，后端固定在温室后墙预埋件上。轨道高出棚面至少 70 厘米，一般 1～1.5 米。然后将机头安装在三角形轨道上，并按要求安装机头、电器及连接卷轴。(图 1-8)。草苫的铺放和试机等同屈臂式卷帘机。

5. 操作方法 由下往上卷帘时，将开关拨到“顺”的位置，卷帘到预定位置时，将开关拨回“关”的位置。由上往下放帘时，将开关拨到“倒”的位置，放帘到预定位置时，将开关拨回“关”的位置。如遇停电，可将手摇柄插入手摇柄插孔进行人工摇动。顺时针摇动向上卷帘，逆时针摇动则向下放帘。

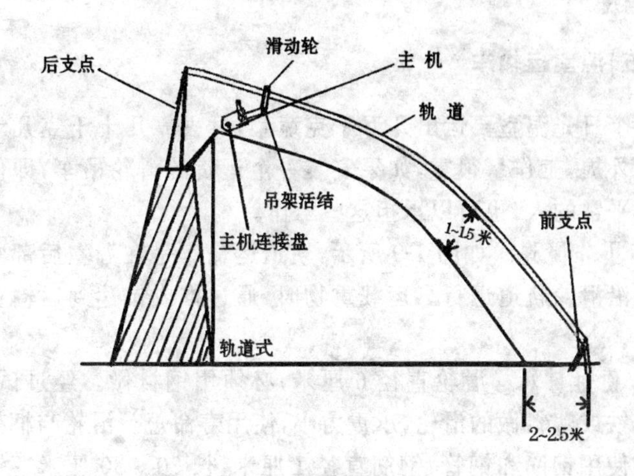

图 1-8　轨道式卷帘机安装示意图

(四)棚膜除尘条

日光温室棚膜上的水滴、碎草、尘土等杂物会使透光率下降30%左右。新薄膜在使用过程中,随着使用时间的延长温室内光照会逐渐减弱。因此,要经常清扫,保持棚膜洁净,以增加棚膜的透明度。寿光市菜农在棚膜上设"除尘条"擦拭棚膜的方法简便易行,除尘条随风飘动,自动擦净棚膜,很有推广价值。

飘带设置的方法是在新上棚膜的日光温室上每隔 1.2 米设置一条宽 6～10 厘米左右、比棚膜宽度长 0.5～1 米的布条,两头分别系在温室上部通风口和温室前裙的压膜线上,利用风力使布条摆动除尘,这样布条不会对棚膜造成划伤。

由于布条中间摆幅最大,除尘率可达 80%以上,两头摆幅最小,除尘率不足 50%,所以菜农还要及时利用抹布将温室南北两端棚膜上的尘土擦去。

(五)温室运输车

一个日光温室要运出几万千克蔬菜,过去靠几十千克几十千克地往外提,工作量很重,如果安装一个运货的滑轮吊车,即使一个力气平常的人,也可以承担这些工作。

1. 工作原理 如图 1-9 所示,轨道运输车是在温室后部的人行道上沿滑轮轨道运行。运载重物时,通过推或拉达到运输重物的目的。

2. 使用材料 滑轮直径 6 厘米,必须用钢材做。经过试验,使用铸铁或塑料做的滑轮,承重力小,使用寿命短。滑轮与框架的连接件使用钢筋和钢管,钢筋直径 1 厘米,长 20～30 厘米。钢管内径 25～30 毫米,长 100 厘米,钢管与框架用钢筋电焊连接。滑轮转轴与钢管之间用钢筋电焊连接。运输车的框架可用内径15～20 毫米的钢管,也可用 4 厘米×4 厘米的角钢。四边框用电焊连接。框架中间再焊接 2 根钢管或角钢。也可不用框架,将连接滑轮两钢管均缩短至 50 厘米,并在两钢管下端焊接一横向钢管,在横向钢管中下部焊接直径 1 厘米的钢筋挂钩。

轨道可设置单轨和双轨两种,单轨道用 24 号钢丝、双轨道用 20 号钢丝。轨道支撑杆由钢丝和窄钢板组成,钢丝型号为 20 号,窄钢板厚度为 0.5 厘米,宽 3～4 厘米,长 40 厘米左右,加工成“ㄣ”形状。

3. 轨道安装 轨道需要吊在温室内后部人行道处的空中,与温室后墙的水平距离为 35 厘米,与地面的距离为 200 厘米。钢丝穿过温室两山墙,两端固定在附石(地锚)铁丝上,然后用紧线机紧好并固定牢靠。每间温室设置一轨道支撑杆,支撑杆由钢丝和“ㄣ”钢板两部分组成,“ㄣ”钢板较长端固定在钢丝上,另一端焊接在轨道下端,且“ㄣ”钢板两边要与轨道垂直,使滑轮正好从“ㄣ”中间通过。钢丝的另一端固定在温室后坡支架上。将滑轮和框架安装在轨道上即可使用。

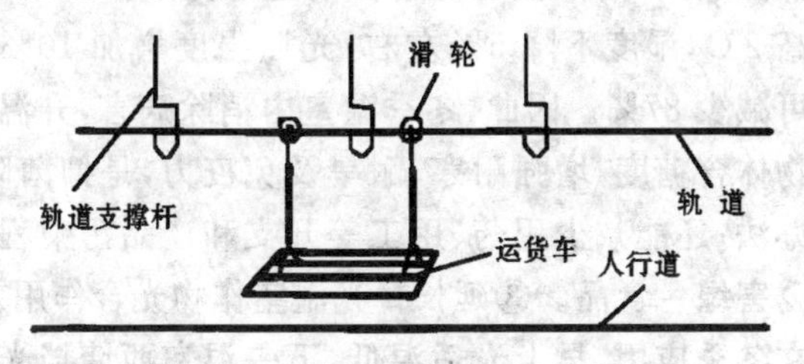

图 1-9　日光温室运输车安装示意图

4. 使用年限　在正常情况下，日光温室轨道运输车可使用10～20年。

(六)阳 光 灯

因冬季光照弱、时间短，9 000～20 000 勒克斯光照时数仅有6～7 小时，而菜豆要求 12 小时以上，才能达到最佳产量状态，所以，光照不平衡已成为当今制约日光温室冬春茬菜豆高产优质的主要因素。为了解决日光温室增产问题，寿光市引进了阳光灯技术，解决了冬季日光温室因光照带来的弱秧低产问题。

1. 阳光灯增产的原理　①促使菜豆长根和花芽分化的。冬季菜豆常见不良症状是徒长、茎细节长花弱、落花落荚、畸形荚、小叶、叶凋等，均系温度低和光照弱引起的病症。靠太阳光自然调节，少则十天半个月，多则 1～2 个月，才能缓解温度低带来的问题，严重影响产量和效益。在日光温室内装备阳光灯，其中的红、橙光促使菜豆扎深根，蓝、紫光促进花芽分化和生长，作物无障害生育，增产幅度可达 1～3 倍。菜豆有深根长荚果、浅根长叶蔓的习性，补光长深根还可达到控秧促根、控蔓促荚的效果。②提高菜豆秧的抗病、增产和优质作用。高产栽培十要素的核心是防病。种、气、土是病菌的载体；水、肥是病菌的养分；温度、密植是环境，惟有光是抑菌灭菌，增强植物抗逆性的生态因素。如果日光温室内温度提高2℃，湿度下降5%左右；光照强度增加10%，病菌特别是真菌可减少87%。因此，冬季温室内消除病害，升温降湿，补光提高植物体含糖度，增强耐寒、耐旱及免疫力，是抑菌防病最经济实惠的办法；还能减少用药、用工等开支和产品污染程度，有利于生产无公害绿色食品。③延长日光温室作物光合作用效应。日光温室多在冬季应用，早上光适温低，下午温室西墙挡光，每天浪费掉30～60分钟的自然适光，日光温室建筑方位只能坐北向南，偏西5°～9°。补光生产菜豆，日光温室可建成坐北向南偏东，太阳一出来，作物可很快进入光合作用适温和适光环境。下午气温在15℃～20℃时，打开阳光灯补光1～3个小时，每天能将5～7个小时的适宜光合作用条件延长1～3个小时，增产幅度可提高20%以上。

2. 安装 ①阳光灯配套件为220V/36W灯管，配相应倍率的镇流器灯架，每天在无光时可照射17平方米面积，弱光时可照射30～60平方米。灯管布局以温室内光的照度均匀为准，灯距被照射植株的高度以1.5～2米为宜。因太阳光受云层影响，时弱时强，菜豆需光强度为1万～3.5万勒克斯，苗期和生育期有别。安装时，每个阳光灯都设开关，以便根据作物生长需求和当时光强度进行调节。②用220V、50Hz电源供电，电源线与灯总功率匹配。电源线用铜线，直径不少于1.5毫米，接头用防水胶布封严。

3. 应用方法 ①育苗期，上午7～9时，下午4～6时，与太阳光一并形成9～11小时的日照，培育壮苗。②在连阴雨天全天照射，可避免根萎秧衰。③结荚期早上或下午室温在15℃以上，但光照强度在9 000～20 000勒克斯以下时，便可开灯补光。

(七)反光幕

在日光温室栽培畦北侧或靠后墙部位张挂反光幕，有较好的增温补光作用，是日光温室冬季生产或育苗所必需的辅助设施。

1. 反光幕应用效果 ①可明显增加温室内的光照强度，可增加光照 5 000 勒克斯，尤以冬季增光率更高。张挂反光幕的实践表明，反光幕前 3 米处，地表增光率为 9.1%，60 厘米空中增光率为 9.2%。反光幕的增光率随着季节的不同而有差异，在冬季光照不足时增光率大，春季增光率较小；晴天的增光率大，阴天的增光率小，但也有效果。②可提高气温和地温。反光幕增加光照强度，明显的影响着气温和地温，反光幕 2 米内气温提高 3.5℃，地温提高 1.9℃～2.9℃。③育苗时间缩短，秧苗素质提高，同品种、同苗龄的幼苗株高、茎粗、叶片数均有增加。④改善了温室内小气候，增强了植株的抗病能力，减少农药使用及污染。⑤张挂反光幕日光温室的菜豆产量、产值明显增加，尤其是冬季和早春增效更明显。

2. 反光幕的应用方法 每 667 平方米温室用量为 200 平方米。张挂镀铝聚酯膜反光幕的方法有：单幅垂直悬挂法、单幅纵向粘接垂直悬挂法、横幅粘接垂直悬挂法和后墙板条固定法 4 种。生产上多随日光温室走向，面朝南，东西延长，垂直悬挂。张挂时间一般在 11 月末至翌年 3 月。最多延至 4 月中旬。张挂步骤如下（以横幅粘接垂直悬挂法为例）：使用反光幕应按日光温室内的长度，用透明胶带将 50 厘米幅宽的 3 幅聚酯镀铝膜粘接为一体。在日光温室中柱上由东向西拉铁丝固定，将幕布上方折回，包住铁丝，然后用大头针或透明胶布固定，将幕布挂在铁丝横线上，使幕布自然下垂，再将幕布下方折回 3～9 厘米，固定在衬绳上，将绳的东西两端各绑一根竹棍固定在地表，可随太阳照射角度水平北移，使其幕布前倾 75°～85°。也可把 50 厘米幅宽的聚酯镀铝膜按中柱高度剪裁，一幅幅紧密排列并固定在铁丝横线上。150 厘米幅宽的聚酯镀铝膜可直接张挂。

3. 注意事项

第一，定植初期，靠近反光幕处要注意灌水，水分要充足，以免光强温高造成灼苗。使用的有效时间为当年11月至翌年4月。对无后坡日光温室,需要将反光幕挂在北墙上,要把镀铝膜的正面朝阳,否则膜面离墙太近,易因潮湿造成铝膜脱落。每年用后,最好经过晾晒再放于通风干燥处保管,以备再用。

第二,反光幕必须在保温达到要求的日光温室才能应用。如果温室保温不好,白天光靠反光幕来提高温室内的气温和地温虽然有效,但夜间难免受到低温的损害。因为反光幕的作用主要是提高温室后部的光照强度和昼温,扩大后部昼夜温差,从而把后部的增产潜力挖掘出来。

第三,反光幕的角度、高度需要随季节、菜豆生长情况等进行适当的调整。日光温室早春茬菜豆定植多在12月至翌年1月份,此时植株矮小、地温低,影响缓苗,使用反光幕主要起到提高地温、促进缓苗的作用。冬季太阳高度角小,悬挂的反光幕一般较矮,贴近地面,以垂直悬挂或略倾斜为主。在菜豆植株长高后,植株叶片对光照的要求增加,尤其是早、晚光照较弱时,反光幕主要起到提高光合作用的目的。此时植株高、太阳高度角变大,悬挂反光幕也需要适当调整,反光幕底部位置提高到植株顶点附近,角度以底部略向南倾斜为宜,以保证上午8:30～9:00反射光线基本与地面水平为好。一般情况下,反光幕与地面应保持在75°～85°角。进入4月份以后,随着气温逐步回升,光照充足,制约深冬菜豆生长的光照不足、气温偏低的短板已不再存在,晴天时甚至会出现光照过强、温度过高的问题,此时反光幕也已完成了其作用,应及时撤掉。

(八)防 虫 网

防虫网覆盖栽培是一项能提高产量的实用的环保型农业新技术。通过覆盖在温室棚架上构建人工隔离屏障,将害虫拒之网外,切断害虫(成虫)繁殖途径,有效控制各类害虫,如菜青虫、菜螟、小菜蛾、蚜虫、跳甲、甜菜夜蛾、美洲斑潜蝇、斜纹夜蛾等的传播以及预防病毒病传播的危害，确保大幅度减少菜田化学农药的施用，使产出的菜豆优质、卫生，为发展生产无污染的绿色农产品提供了强有力的技术保证。

1. 防虫网种类　防虫网是一种采用添加防老化、抗紫外线等化学助剂的聚乙烯为主要原料，经拉丝制造而成的网状织物。它与塑料布等覆盖物的不同之处在于网目之间允许空气通过，但能将昆虫阻隔于外界。防虫网的规格主要包括幅宽、丝径、颜色、网孔密度等内容。幅宽通常为1～1.8米，最大幅宽为3.6米；丝径为0.14～0.18毫米；颜色有白色、银灰色、黑色等，但以白色为多。如果为了加强遮光效果，可选用黑色或银灰色的防虫网避蚜虫效果更好。目前，生产上推荐适宜使用的目数是20～40目，以20目、25目、32目最为常用。

2. 防虫网的作用

（1）防虫　菜豆覆盖防虫网后，基本上可免除菜青虫、小菜蛾、甘蓝夜蛾、斜纹夜蛾、黄曲跳甲、猿叶虫、蚜虫等多种害虫的为害。据试验，防虫网对菜青虫、小菜蛾、豆荚螟、美洲斑潜蝇防效为94%～97%，对蚜虫防效为90%。

（2）防病　病毒病是菜豆的灾难性病害，主要是由昆虫特别是蚜虫传病。由于防虫网切断了害虫这一主要传毒途径，因此大大地减轻了菜豆病毒的侵染，防效为80%左右。

3. 网目选择　购买防虫网时应注意孔径。在菜豆生产上使用的防虫网以25～40目为宜，幅宽1～1.8米。白色或银灰色的防虫网效果较好。防虫网的主要作用是防虫，其效果与防虫网的目数有关，目数即在25.4毫米见方的范围内有经纱和纬纱的根数，目数越多，防虫的效果越好，但目数过多会影响通风效果。防虫网的目数是关系到防虫性能的重要指标，栽培时应根据防止虫害的种类进行选取，一般在菜豆生产中多采用25～40目的防虫网。使用防虫网一定要注意密封，否则难以起到防虫的效果。

4. 覆盖形式 因夏季害虫多，日光温室前部和通风天窗最好安装25～40目的防虫网(图1-10)。这样，既有利于通风又可以防虫。为提高防虫效果，必须注意以下两点：一是全生长期覆盖。防虫网遮光较少，无须日盖夜揭或前盖后揭，应全程覆盖，不给害虫有入侵的机会，才能收到满意的防虫效果。二是土壤消毒。在前作收获后，要及时将前茬残留物和杂草清出温室集中烧毁。全温室喷洒农药灭菌杀虫。

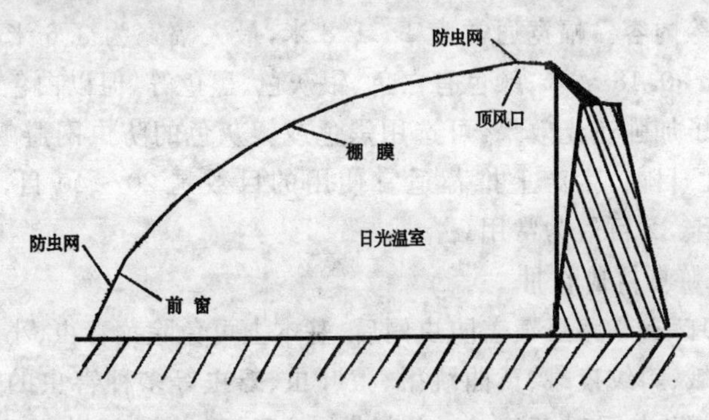

图1-10 日光温室防虫网覆盖方式

(九)遮阳网

遮阳网又称遮荫网、遮光网、寒冷纱或凉爽纱，是以聚烯烃树脂作基础原料，并加入防老化剂和其他助剂，溶化后经拉丝编织成的一种轻型、高强度、耐老化的新型网状农用塑料覆盖材料。

1. 遮阳网种类 常用的遮阳网有黑色、银灰色、黄色、蓝色、绿色等多种，以黑色、银灰色最普遍。黑色遮阳网的遮光度较强，适宜酷暑季节覆盖。银灰色的透光性较好，有避蚜和预防病毒的作用，适用于初夏、早秋季节覆盖。

遮阳网一般的产品幅宽为0.9～2.5米，最宽的达4.3米，目前以1.6米和2.2米幅宽的使用较为普遍。

2. 主要功用

（1）降低温室内气温及土温，改善田间小气候　使用遮阳网可显著降低进入日光温室内的光照强度，有效地降低热辐射，从而降低气温和地温，改善菜豆生长的小气候环境。一般使用遮阳网可使日光温室内的气温较外界降低2℃～3℃，同时可有效地避免强光照对菜豆生产的危害。据测定，高温季节可降低畦面温度4.59℃～5℃，在炎热夏天最大降温幅度为9℃～12℃。

（2）改善土壤理化性　雨季菜地经常变板结，但用遮阳网能保持土壤良好的团粒结构和通透性，增加土壤氧气含量，有利于根系的深扎和生长，促进地上部植株生产，达到增产的目的，还能使雨天直播或育苗的种子出土良好。

（3）遮挡雨水　能防止大暴雨直接冲刷畦面，减少水土流失，保护植株和幼苗叶片完整，提高商品率和商品性状。据测试，采用遮阳网覆盖后，暴雨冲击力比露地栽培减弱98%，降雨量减少13.29%～22.83%。

（4）减少土壤水分蒸发　保持土壤湿润，防止畦面板结。据调查，覆盖遮阳网后，土壤水分蒸发量比露天栽培减少60%以上。

（5）避害虫防病害　据调查，遮阳网避蚜效果达88.8%～100%，对菜豆病毒病防效为89.8%～95.5%，并能抑制菜豆多种病害的发生和蔓延。

3. 选用遮阳网的原则　①菜豆为喜温中、强光性蔬菜，夏秋季生产，根据光照强度选用银灰网或选用黑色SZW-10等遮光率较低的黑色遮阳网；避蚜、防病毒病，最好选用SZW-12、SZW-14等银灰网或黑灰配色遮阳网覆盖。②夏秋季育苗或缓苗短期覆盖，多选用黑色遮阳网覆盖。为防病毒病，亦可选用银灰网或黑灰配色遮阳网覆盖。③全天候覆盖的，宜选用遮光率低于40%的网，或黑灰配色网覆盖。

4. 日光温室覆盖方式 日光温室覆盖是指在温室棚体上覆盖遮阳网的覆盖方式。覆盖方式主要以顶盖法和一网一膜两种方式为主。顶盖法是指在日光温室的二重幕支架上覆盖遮阳网;一网一膜覆盖方式是指覆盖在日光温室上的薄膜,仅揭除围裙膜,顶膜不揭,而是在顶膜外面再覆盖遮阳网。在寿光市大多采用一网一膜覆盖方式。

遮阳网覆盖栽培的技术原则是:看天、看作物灵活揭盖;晴天时白天盖,夜间揭;阴天时全天不盖。30℃以上温度,一般从上午8时至下午4时覆盖。

(十)温 度 表

温度表是日光温室菜豆生产中必不可少的重要工具,菜农得通过它上面显示的温度来确定开闭通风口、揭盖草苫的时间。一旦温度显示有误差,对菜豆管理会造成很大影响。只有正确悬挂才能准确测定温室内温度。

1. 确定悬挂的位置 很多温室里温度表悬挂的位置很乱,大部分悬挂在温室后通风口下面,还有悬挂在温室前脸处的,这两种做法都是不正确的。悬挂在通风口下面,此处通风时,外界的冷空气进入温室内,直接造成后部温度快速降低,温度变化频繁,极不稳定;还有温室后墙上温度变化快,根本不能准确反映菜豆生长空间的温度;而悬挂在温室前脸处,此处地温较低,与外界接触面大,散热较快,气温比较低,若温度表悬挂在此,数据也不准确。正确的悬挂位置是在温室中部,此处距离墙体、通风口等容易进风的地方都较远,能显示出准确的温度(图 1-11)。

2. 温度表悬挂高度要随着菜豆高度变化 大多数菜农在悬挂上温度表后,一般都不再挪动它,这也是不正确的。温度表的悬挂高度需要随植株高度不断调整,以准确反映植株生长点附近的温度。如果植株高度已超过挂温度表的高度,还不调整温度表的

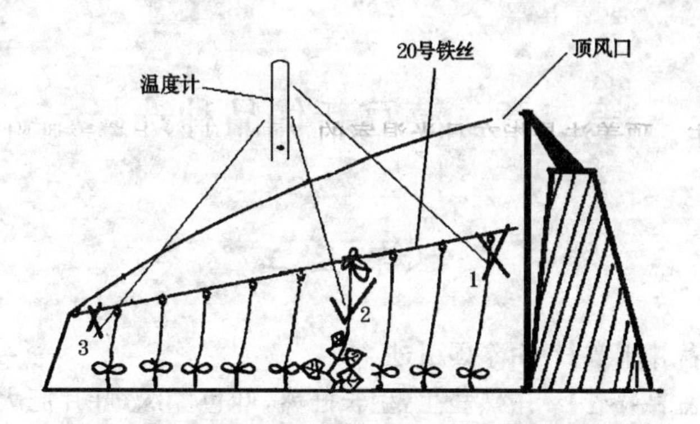

图 1-11　日光温室温度计悬挂方式

1. 顶风口下方(错误)　2. 温室中部(正确)　3. 温室前脸处(错误)

高度,这样温度表就藏在植株顶部之下,测出来的温度就会偏低。若根据温度表上显示的温度来管理菜豆的话,菜豆生长很难正常。正确的悬挂方法应悬挂在植株生长点下 10 厘米处,并要随着菜豆的生长随时调节温度表悬挂的高度,这样才能测出准确的温度。菜农朋友据此在生产管理中应采取相应的措施。

第二章 菜豆新优品种选择

一、架豆王

【品种来源】 由泰国引进。

【品种特性】 中熟蔓生，生长旺盛，叶色深绿，叶片肥大。自然株高 3.5 米，有 5 条侧枝，侧枝继续分枝，花白色。第一花序着生在 3～4 节上，每序有 4～8 朵花，结荚 3～6 个，荚绿色、长圆形，长 30 厘米。横径 1.1～1.3 厘米，单荚重 30 克，单株结荚 70 个左右，最多 120 个。从播种到采收 75 天，每 667 平方米产 3 000～4 000 千克。本品种表现稳定，产量高，抗病，抗热，最大特点是从结荚到完熟无筋、无纤维、荚肉厚，商品性好，品质鲜嫩，为高产抗病的优良品种。

【适作茬口】 适宜早春、越夏、秋冬、越冬茬栽培。

二、碧 丰

【品种来源】 由中国农业科学院蔬菜花卉研究所和北京市农林科学院蔬菜研究所由荷兰引进。

【品种特性】 植株蔓生，生长势强，侧枝多。花白色，始花节位 5～6 叶节。每花序结 3～5 个，单株结荚 20 个左右。荚绿色，宽扁条形，长 21～23 厘米，宽 1.6～1.8 厘米，厚 0.7～0.9 厘米。含种粒部分荚面稍凸出，单荚重 14～16 克，纤维少，质脆、嫩、甜，尤适宜切丝炒食。较早熟，山东省春播 65 天左右采收。田间较抗锈病，抗逆性强。

【适作茬口】 适宜早春、越冬茬栽培。

三、丰收1号

【品种来源】 由中国农业科学院蔬菜花卉研究所试种、筛选出的优良品种。

【品种特性】 植株蔓生，生长势中等，分枝性强。每个花序结荚5～6个，嫩荚扁条形，弯曲似镰刀形，荚长约20厘米，宽1～1.4厘米，单荚重16～17克。嫩荚绿色，荚面略有凹凸不平，肉较厚，纤维少，不易老，品质好。每荚有种子6～7粒，种皮乳白色，种子肾形，千粒重364克。早熟，从播种到采收嫩荚约60天。较耐热，抗病性强，适应性广。

【适作茬口】 适宜早春、越夏、秋冬、越冬茬栽培。

四、老来少

【品种来源】 山东省潍坊市农家品种，又称白胖子菜豆，主要分布在山东省寿光市、诸城市一带。

【品种特性】 植株生长势中等，蔓长2.2米左右。花白色稍带紫红。荚扁条形，中部稍弯曲。嫩荚近采收时由绿色变白色，外观似老而质嫩，纤维少，品质好。较抗病。播后60天左右收获。种子肾形，棕色。

【适作茬口】 适宜早春、越夏、秋冬茬栽培。

五、芸　丰

【品种来源】 由辽宁省大连市农业科学研究所从地方品种“花皮脸”和“九粒白”杂交后代中系选育成。

【品种特性】 植株蔓生，叶绿色。第一花序着生节位和分枝数因栽培条件而异。露地早春播种初花节位为2～4节。商品荚浅绿色，荚长22.8厘米，荚宽和厚均为1.4厘米，单荚重约14克。嫩荚除背、腹缝合线处维管束发达表现有纤维外，其他部分均柔嫩可口，即使老熟亦无革质膜。早熟，春季栽培播种至始收60天左右。不抗疫病，较抗炭疽病、锈病，高抗缩顶病毒病。

【适作茬口】 适宜早春、越冬茬栽培。

六、秋抗6号

【品种来源】 系天津市农业科学院蔬菜研究所选育的优良品种。

【品种特性】 植株蔓生，株高2.5米，生长势强。有3～4个侧枝，叶片浅绿色。第一花序着生在5～6节，每个花序具8～12朵花，花白色，有2～5个荚。嫩荚绿色，近圆棍形，稍弯曲，荚长17～20厘米，宽1～1.2厘米，单荚重12～14克。嫩荚肉厚，水分和纤维少，蛋白质含量高。每荚有种子6～9粒，种皮黄色，无斑纹，肾形，种子粒较小。中熟，从播种至收获嫩荚为55～60天，采收期30天左右。耐盐碱，耐热，对疫病、枯萎病、病毒病抗性较强。

【适作茬口】 适于保护地栽培，以秋延后栽培为主。

七、翠 龙

【品种来源】 辽宁省水土保持研究所根据菜豆生产现状和市场要求的新形势，育成的适宜露地和保护地种植的架豆新品种，该品种丰产、品质优、商品性好、适应性广、耐低温、抗病性强。

【品种特性】 蔓生型，主侧蔓结荚，分枝力强，一般分枝数为5～6条。荚果浅绿色，横切面扁圆形，荚果长25～33厘米，顺直，平均单荚重27克,色泽均匀,商品性好。花期和结荚期较为集中,结荚率高,落花落果少。种子为白色,每荚有8～9粒种子,嫩荚种子凸起小,种子平均百粒重为42.5克。该品种属中熟品种。全生育期,春播95～100天,保护地栽培125天,从播种至嫩荚开始采收历时70天左右。荚果整齐,条直,商品性极佳。荚果含纤维少,肉厚,无革质膜,筋较短,保鲜期长。食味鲜嫩,口感好,风味佳,特别是采收后期荚果依然保持良好的食用品质。对菜豆炭疽病、锈病均表现出很强的抗性。

【适作茬口】 适宜早春、越冬茬栽培。

八、秋抗19

【品种来源】 系天津市农业科学院蔬菜研究所选育的优良品种。

【品种特性】 植株蔓生,株高约2.8米,生长势强,有2～3个侧枝。茎绿色,20节左右封顶。花白色,第一花序着生在3～4节,每个花序有4～6朵花,坐荚2～3个。嫩荚近圆棍形,荚长约20厘米,宽1.2～1.3厘米,单荚重约15克。嫩荚深绿色,肉厚,纤维少,品质好。每荚有种子7～10粒,种皮灰褐色、肾形,无斑纹。中熟,从播种至收获嫩荚55～60天,采收期30天左右。对疫病、枯萎病抗性较强,抗盐碱。每667平方米产20 000千克左右。

【适作茬口】 适于保护地栽培,以秋冬茬为主。

九、沂蒙九粒白

【品种来源】 系山东省临沂市蔬菜研究所利用地方传统品种资源育成的菜豆新品种。

【品种特性】 生育期90天左右,属早熟品种。为无限生长型，秧蔓生长繁茂，具有无限结荚习性，秧蔓高达 2 米以上。单株结荚多，丰产性能好。从出苗至开始采收嫩荚约 60 天。叶片中等大小、色浅、蔓生，第四片真叶叶腋着生第一花序，花白色，整株结荚 48 个。豆荚长，白绿色，呈扁圆棍形，荚长 20～25 厘米左右，单荚重 20 克左右，肉质松软鲜嫩，粗纤维少，耐老熟、有筋无革质膜。豆荚鼓起变白时，熟食风味佳。抗病能力强，产量高。

【适作茬口】 适宜保护地栽培，以秋冬、早春茬为主。

十、冀芸 2 号

【品种来源】 由河北省农林科学院蔬菜花卉研究所育成。

【品种特性】 植株矮生型，生长势中等。株高 42～45 厘米，每株有效花序 4～5 个，单株平均结荚 17 个。嫩荚浅绿色，长扁条形，长 14～16 厘米，宽 1.4 厘米，厚 9.5 毫米。单荚重 9～11 克。纤维少不易老化，品质优，商品性好。耐寒，早熟性好。从播种至嫩荚采收为 53 天左右。抗病毒病。

十一、鲁菜豆 1 号

【品种来源】 由山东省青岛市农业科学院从引进的架菜豆 19-6-1 中系选育成。

【品种特性】 植株蔓生，生长势强，株高 2.5 米左右。第一花序着生在主蔓 3～5 叶节，花白色，结荚率高。嫩荚白绿色，扁条形，长 25.5 厘米，平均单荚重 26.5 克，风味品质好。种子白色，千粒重 390 克。抗病性较强。中早熟。

【适作茬口】 适宜早春、秋冬茬栽培。

十二、双丰2号

【品种来源】　天津市农业科学院蔬菜研究所从春丰4号×12号菜豆后代中系选育成。

【品种特性】　蔓生种，株高3米左右，主蔓20节左右，有2～3个侧枝，主蔓第一花序出现在2～3节。叶色深绿，白花，每花序坐荚2～4个，单株结荚20～30个。嫩荚深绿色，荚长18～22厘米，品质优，商品性好。种皮黄色，带有不明显花纹，种子肾形稍扁。抗锈病和枯萎病，耐热，丰产性和稳定性好。早熟，从春播至嫩荚始收约55天，从秋播播种至嫩荚始收约45天。

【适作茬口】　适宜早春、秋冬茬栽培。

十三、97-5菜豆

【品种来源】　由大连市农业科学院蔬菜研究所选育。

【品种特性】　植株蔓生，株高2米左右，生长势强。花白色，嫩荚白绿色，荚长25厘米左右，宽约1.47厘米，厚约1.69厘米，先端稍弯，棍形，单荚重27克左右。有筋软荚，无革质膜，嫩荚肉厚，品质优。种子灰色。早熟，耐热，高抗锈病。适应范围较广，在种植蔓生菜豆的地区内均可种植。

【适作茬口】　适宜早春茬栽培。

十四、新秀1号

【品种来源】　由天津市农业科学院蔬菜研究所从80-2(天津黄粒弯子×湖南红花早)×30-7(加拿大×五台山七寸莲)后代中经多代系选育成。

【品种特性】 茎蔓生，生长势强，株高2.5米，主蔓25节左右，1～2叶节可产生1～2个有效侧枝，茎蔓粗壮，侧蔓开花结荚能力强。每花序结荚2～4个，单株结荚20～30个，嫩荚绿色，成熟后黄色，荚稍弯曲，长18～20厘米，直径1.1厘米，单荚重15～18克。早熟，春播时播种至嫩荚始收50～55天，秋播时46～50天。

【适作茬口】 适宜早春茬栽培。

十五、齐菜豆1号

【品种来源】 由黑龙江省齐齐哈尔市蔬菜研究所用云丰作母本、油豆作父本杂交后，经多代系选育成。

【品种特性】 植株蔓生，生长势旺盛，株高3米左右，分枝3～4条，始花节位为第二叶节，花白色。嫩荚深绿色，长22厘米、宽2.1厘米、厚1.2厘米。平均单荚重21克，种粒处突起，无纤维，不易老熟。中早熟，从播种至始收约60天。高抗锈病和炭疽病。

【适作茬口】 适宜早春、越冬茬栽培。

十六、将军一点红

【品种来源】 由哈尔滨市农业科学院蔬菜花卉分院选育而成。

【品种特性】 蔓生，中早熟，从播种至采收70天左右。生长势强，叶片绿色，花紫色，嫩荚绿色，着光部位荚尖部有紫条纹，因此被称为“一点红”。扁条形，平均荚长20厘米，荚宽2.1厘米，单荚重24克，外观商品性极佳，无纤维，肉质面，是典型的东北优质油豆角。种皮灰白底带红色纹，椭圆形，千粒重为400克。该品种抗逆性强，不早衰，春、秋皆可种植，露地保护地兼用，尤其是保护地栽培表现更佳，高产。

【适作茬口】 适宜早春、越冬茬栽培。

十七、龙油豆一号

【品种来源】 黑龙江省农业科学院园艺分院从哈尔滨市郊区引入的黑花油豆中经系统选育而成。

【品种特性】 植株蔓生，中早熟，生育期60～65天。嫩荚绿色，荚面有光泽，扁荚，荚长12～15厘米，荚宽1.8～2厘米，荚厚1厘米，荚壁无纤维，无缝线，口感好，豆香味浓，耐老化，风味佳。抗病毒病、炭疽病能力较强。

【适作茬口】 适宜在保护地作早春栽培和露地栽培。

十八、紫花架油豆

【品种来源】 系吉林省地方品种，也叫吉林紫花。

【品种特性】 蔓生，早熟，生育期55～60天。荚果绿色，见光的地方有红晕，豆荚扁，比较平。豆荚长20～25厘米，宽2～2.2厘米，没有纤维，品质比较好。抗病性比较强，适应的范围广。在早熟油豆角品种中，紫花架油豆的产量最高，但是口感比其他油豆角相比稍差。

【适作茬口】 适宜早春、越冬茬栽培。

十九、龙油豆三号

【品种来源】 黑龙江省哈尔滨市地方品种。

【品种特性】 中等成熟品种，生育期75～80天。植株生长势、适应性比较强，可以耐受干旱、低温，抗病能力强。豆荚长扁条形，荚型比较大，豆荚长 20～25 厘米，宽 2.3 厘米，单荚重 26 克左右。嫩荚绿色，有光泽，见光处有红晕，外观美。没有纤维、缝线，豆香味很浓，品质优良。

【适作茬口】 适宜于露地及保护地早春栽培。

二十、五常大油豆

【品种来源】 为黑龙江省五常市地方品种。

【品种特性】 中早熟种。蔓生，生育期 70 天左右，荚果深绿色，表面有光泽，见光处有红晕，豆荚扁平。豆荚长 20 厘米左右，豆荚宽 2.2～2.5 厘米，没有纤维，品质比较好，商品性也很好。抗病性比较强。

【适作茬口】 适宜北方保护地早春栽培和露地栽培。

第三章 日光温室菜豆育苗技术

一、菜豆穴盘育苗技术

(一)穴盘型号的选择

菜豆育2叶1心子苗,应选用128孔苗盘;育4～5叶苗,应选用72孔苗盘。

(二)基质配制方法

基质的主要成分是草炭、珍珠岩和蛭石。草炭的主要功能是保证幼苗生长所需的有机质,以选用纤维多的浅层草炭为好,深层草炭或者重金属含量过高的草炭不能用,以免造成肥害和重金属积累。珍珠岩能增加根系的透气性,蛭石主要作用是保持基质的温度。基质3种成分的合理配比是育成壮苗的重要环节。在冬季育苗时,基质中草炭、珍珠岩、蛭石的配比一般为5∶3∶2,但冬季气温低,若基质中蛭石的含量过高,则基质的湿度增大,容易造成秧苗徒长或受病菌侵染,因此应减少蛭石的用量,可改变配比为6∶3∶1。夏季育苗时,幼苗生长较快,若草炭含量过少,珍珠岩含量过高,则幼苗生长后期有机质供应不足,容易出现僵苗或小老苗现象,因此,夏季育苗时可适当增加草炭,减少珍珠岩,可将基质配比改为7∶1∶2。基质合理配比,有利于不同时期幼苗生长。配制基质时加入15∶15∶15的氮磷钾三元复合肥2～3千克,或每立方米基质加入1千克尿素和1.5千克磷酸二氢钾,或2千克磷酸二铵,肥料与基质混拌均匀后备用。

(三)种子处理

为了提高种子的萌发速度,可进行种子活化处理,其方法是将种子浸泡在500毫克/千克赤霉素溶液中24小时,风干后播种或丸粒化后再播种。72孔穴盘播种深度为1厘米左右;128孔穴盘播种深度为0.5～1厘米。播种后覆盖蛭石。播种覆盖作业完毕后将育苗盘喷透水(水从穴盘底孔滴出),使基质最大持水量达到200%以上。

(四)播种后管理

播种后,将穴盘放入育苗床。白天日光温室保持在25℃～30℃,夜间保持在20℃～25℃,4～5天后,当苗盘中60%左右种子种芽伸出,少量拱出表层时,白天温度保持在20℃～25℃,夜温保持在18℃～20℃为宜。当日光温室夜温偏低时,考虑用地热线加温或临时加温措施,温度过低出苗速率受影响,小苗易出现猝倒病和沤根病。苗期子叶展开至2叶1心时,土壤最大持水量为70%～75%。小苗2叶1心后夜温可降至15℃左右,但不要低于12℃。白天酌情通风,以降低空气湿度。苗期3叶1心后,结合喷水进行2～3次叶面喷肥。从3叶1心至定植,持水量为65%～70%。

(五)壮苗标准

菜豆穴盘育苗成品苗标准视穴盘孔大小而异,选用72孔苗盘的,株高5～8厘米,有2～3片真叶,20～25天苗龄;128孔苗盘育苗,株高8～12厘米,有4～5片真叶,25～40天苗龄。成品苗达上述标准时,子叶完好,茎粗壮,叶色绿,基生叶心脏形,无病虫害,根系将基质紧紧缠绕,当苗子从穴盘拔起时也不会出现散坨现象。

培育菜豆壮苗须采取以下措施:①提供适宜光照。作物形态与光有关,自种子萌发后若在黑暗中生长,易形成黄化苗,其上胚轴细长、子叶卷曲无法平展且无法形成叶绿素。植物接受光照后,则叶绿素形成,叶片生长发育,且光会抑制节间的伸长,故植物在弱光下节间伸长而徒长,在强光下节间较短缩。不同光质亦会影响植物茎的生长,能量高、波长短的红光会抑制茎的生长,远红光会促进节间伸长,因此红光与远红光量之比会影响节间的长度。因此,在穴盘苗生产上,为顾及成本不宜人工补光,但在日光温室覆盖材质上必须选择透光率高的材料。②调节好温度。夜间高温易造成种苗的徒长,因此在菜豆秧苗的许可温度范围内,应尽量降低夜间温度,加大昼夜温差,以有利于培养壮苗。③水分要适宜。适当地限制供水可有效矮化植株并且使菜豆组织紧密,将叶片水分控制在轻微的缺水下,使茎部细胞伸长受阻,但光合作用仍正常进行,如此便有较多的养分蓄积至根部用于根部的生长,可缩短地上部的节间长度,增加侧根数量,对穴盘苗移植后恢复生长极为有利。④喷施生长调节剂。常用的生长调节剂有比久(B_9)、矮壮素、多效唑、烯效唑和三唑铜。比久的化学成分容易在土壤中分解,因此通常作叶面喷施,使用浓度为 800～1 000 毫克/千克。矮壮素的使用浓度为 50～100 毫克/千克,多效唑一般使用浓度为5～10毫克/千克,烯效唑的使用浓度是多效唑的一半。

(六)菜豆育苗中常出现的问题

1. 播后长期不出苗 其原因是种子发芽率低,或者是催芽时种子大部分已发芽但感染了病原菌,播种苗床基质温度长期过低而水分又过多,阻止幼芽伸长甚至引起种子腐烂,苗床基质过干也会使发芽受到影响。为此,要选用发芽率高的种子,且要消毒。如因管理不善而不出苗,可扒开基质检查,剥开种皮胚仍是白色新鲜的,说明种子并没有死亡,只要采取相应措施都能出苗。如基质过湿,应控制浇水;短期水分排不掉,可用吸水力强的草炭、炉灰渣、炭化稻壳或蛭石等撒在苗床表面，厚度为0.5厘米，并加强光照，既可提温又能减少基质水分。

2. 出苗不整齐 一种情况是出苗的时间不一致，这是由于种子成熟度不一致，新、老种子混杂及催芽过程中翻动不均使发芽有差异造成的。另一种情况是同一苗床内出苗不均，这与播种技术和苗床管理有关。苗床内各部位的温度、湿度不一致会导致出苗不整齐。播种后覆土不均也可造成出苗不整齐，盖土过厚的地方水分多，但地温低，透气性差，幼苗出土过程中穿过土层所需的时间长；盖土过薄，土温高，床土易干，均不利于出苗。播种床高低不平，或发芽的幼苗受蝼蛄、蚯蚓为害而死亡。

3."戴帽"苗 育苗时常发生幼苗出土后，种皮夹住子叶，不脱落，俗称"戴帽"。为防止幼苗"戴帽"出土，播种前要充分浇透底水，出苗前保持土壤湿润，播种后覆土要适中。也可在畦上覆盖薄膜，以保持种皮柔软容易脱落。刚出土时若表土过干，应适当喷水，或撒一层薄薄的潮湿细土。

4. 沤根 幼苗发生沤根时根部发锈，严重时根部表皮腐烂，不长新根，幼苗变黄萎蔫。发生沤根的原因主要是床土温度过低、湿度过大造成的。床土配制不当、黏土过多、透气性差，容易发生沤根。底水浇得过多又遇上连阴雨天，或连阴天前浇大水，也容易引起沤根。

5. 烧根 烧根时根尖发黄，不发新根，但不烂根，地上部生长缓慢，矮小发硬，形成小老苗。烧根主要是由于施肥过多，土壤干燥造成的。如床土中施入未充分腐熟的有机肥，当粪肥发酵时更容易烧根。苗床土混施化肥时，一定要拌匀。已经发生烧根时要多浇水，以降低土壤溶液浓度。

6. 徒长苗 幼苗徒长是育苗期间经常发生的现象，徒长苗茎细、节间长、叶薄、色浅绿、组织柔嫩、须根少，秧苗轻。定植后容易萎蔫，成活率低，不能早熟高产。

徒长苗产生的原因主要是由于光照不足、夜间温度过高以及氮肥和水分过多造成的。播种密度过大，秧苗拥挤，苗间光照弱也易徒长。除出苗后易形成高脚苗外，易发生徒长的另一个时期是在定植前的15～20天。此时外界气温转暖、秧苗生长速度快，此时秧苗已长大，叶片互相遮荫，若温、湿度控制不好，很容易使秧苗徒长。

防止秧苗徒长，除扩大营养面积、加强光照、降低床温、不偏施氮肥和适当控制苗床温度外，还可用生长抑制剂控制秧苗生长速度。如用50%矮壮素2000～3000倍液，喷洒秧苗或床土，每平方米苗床喷洒1千克药液，10天后就能见效。

7. 老化苗　秧苗老化时，生长缓慢，苗体小，根系老化，节间缩短，叶片小而厚并呈深暗绿色，秧苗脆硬。出现老化苗的原因，主要是床土过干和床温过低。育苗期间怕徒长，长期控制水分过严，最容易造成秧苗老化。用育苗钵育苗因与地下水隔断，浇水如果不及时，很容易造成土壤过干而育成老化苗。因此育苗时应合理控制育苗环境，苗龄不可过长，定植前炼苗时不能缺水，严重缺水时必须喷小水。发现秧苗老化，除注意温度、水分的正常管理外，可喷10～30毫克/千克赤霉素溶液，1周后就会逐渐恢复正常。

二、菜豆泥炭营养块育苗技术

(一)泥炭育苗营养块的突出优点

1. 无菌无害，无病虫卵　泥炭是沼泽草本植物遗体在高湿厌氧的环境中经万年堆积不完全分解而成的富含水分、有机质、腐殖酸、多元缓释养分的松软地质体，无菌无害，不含病虫卵，克服了传统育苗老园土携带病菌、虫卵等引起土传病虫害的缺点，还可减少草害的发生,极大地减少了苗期管理中防病治虫的劳动强度和人力、物力的投入。

2. 有利于幼苗健壮生长 泥炭本身富含营养,制作育苗块时又加入了多种营养,可满足蔬菜幼苗对养分的需求,能保证幼苗健壮生长。有资料显示,用泥炭营养块育出的菜豆苗茎粗增加20%~25%,根数增加20%~30%,根干重增加40%~50%,叶面积增加10%~12%,从而提高了幼苗的抗逆性,有利于培育壮苗。

3. 养分供应时间长,管理幼苗省工省时 营养块中含有大量的有机质、腐殖酸和多种缓释营养元素,养分供应可达70~80天,对幼苗管理极为简便,只需要按时补水即可,无须施肥。

4. 定植后无须缓苗,有利于产品提前上市和增产增收 幼苗营养块直接定植,不伤根,不缓苗,定植后直接进入旺盛生长阶段。研究表明,产品可提早7~15天成熟,平均增产26%~28%,产值平均提高35%~40%。

5. 有利于改良土壤,培肥地力 泥炭中含有丰富的有机质、腐殖酸、纤维素和氮、磷、钾及多种微量元素,有较强的吸附性,能平衡土壤中的盐分含量,调节pH值,有良好的离子交换能力。带营养块定植可提高土壤中有益菌群数量,增加土壤有机质,提高土壤肥力,改善土壤理化性状。

(二)育苗方法

采用泥炭营养块育苗是一种新型的育苗方式,有别于传统的育苗方式,只有正确掌握以下育苗方法,才能达到预期目的。

1. 种子处理 播前将种子晾晒2天,提前1~2天浸种催芽,待种子露白即可播种。

2. 做畦铺膜 播前1天在育苗地做畦,畦高5~7厘米,畦宽1.2米,长度据播种数量而定;将畦面整平压实,上铺农用薄膜,防止水分渗漏外流和根系下扎。

3. 摆营养块,浇透水 选用圆形小孔40克营养块,在畦面的农膜上按播种的数量整齐地摆放育苗营养块,按每100个育苗营养块吸水15升浇水,分2～3次浇完,以便其充分吸收。吸水后营养块迅速膨胀疏松,用竹签扎刺营养块,如有硬心需继续加水,直至全部吸水膨胀为止。

4. 播种覆盖 营养块吸水膨胀的第二天,在每个营养块的播种穴里播2～3粒露白的种子,上覆1～2厘米厚的专用覆种土,无须按压,育苗块的间隙不必填土,以保持通气透水,防止根系外扩。

5. 苗期管理 播种后不要移动、按压营养块,否则易破碎,2天后营养块即会固结一体、恢复强度,方可移动。管理上视营养块的干湿度和幼苗的生长情况及时补水,防止缺水烧苗。整个苗期只浇水无须施肥。定植前3～4天停水炼苗,定植时将营养块一起定植,在营养块上面覆土2～3厘米厚,栽后浇透水。

(三)注意事项

泥炭营养块育苗应注意以下3点:①定植时应把营养块全部埋在土中,上面至少盖土2～3厘米厚,定植后应浇透水。②老棚地等病害较多的土壤应在定植穴内适当加入杀菌剂,以防止病菌侵染。③达到苗龄应及时定植,若不能按期定植应采取措施防止出现根系老化和脱肥现象。

三、菜豆断根扦插育苗技术

在日光温室内播种育苗。用蛭石、腐烂锯末、稻壳、草炭等作基质,在育苗盘里,浇足底水,水渗下后播种。播种密度为2厘米×5厘米,覆土2～3厘米,然后铺一层薄膜,防止出苗前缺水。播后7～10天出苗,出苗后绿化1～2天,幼苗2片对生叶展平时,是断根扦插播种的最佳苗龄。营养土的配制:园田土加腐熟马粪

1∶1,搅拌均匀。营养钵使用上口径为8～10厘米、高9厘米的塑料钵。先将营养土装入塑料钵中,装土高度达到钵的2/3处,空出上部1/3。浇足底水,水渗下后,从育苗盘中连根拔出幼苗,挑选健壮苗,用剃须刀片在下胚轴尖端1厘米处垂直切去发根部分,把断根后的幼苗扦插于塑料钵中1厘米,随后填加湿度较大的营养土,以填满为止。断根扦插播种后摆放在日光温室内,利用小拱棚盖塑料外加遮阳物,保温遮荫。这样,过5天左右发生新根,7天左右可以去掉塑料布及遮阳物。扦插播种后两周内保持地温20℃左右,气温25℃左右,并注意保持湿度,每天淋1次小水。定植前6～7天,要通风降温,并适当控制浇水,定植前一天浇足水。扦插播种后20天左右即可定植。采用该技术可提高菜豆平均总产量12%以上,其增产的主要原因是断根后侧根发生数量显著增多,且扦插播种时可以淘汰病苗、劣苗。

第四章　日光温室菜豆多茬次栽培技术

一、冬春茬

11月下旬至12月上旬播种，3月上旬至5月下旬收获。此茬苗期处于低温期，逐渐地光照、温度都比较适宜，产量最高，经济效益也比较可观。

（一）品种选择

选择适于日光温室栽培的蔓生、耐低温、耐弱光、高产优质的品种，如绿龙、绿丰。

（二）培育壮苗

菜豆冬春栽培于11月下旬至12月上旬播种育苗，3月上旬至5月下旬收获。冬春茬菜豆高产的关键在于掌握植株生长在低温期之前完成营养生长，在低温期缓慢进行开花、结荚的生殖生长，早春外界气温回升时产品即可大量上市，以获得较高的产量和经济效益。播种期的早晚关系到总产量的高低，据观察，如播种期过早，前期营养生长速度快，及早进入结荚盛期，正值低温寡照，由于营养供求矛盾较大，很容易造成植株老化，降低产量；播种期过晚，低温到来之际，营养生长还没有完成，虽然减少了植株的营养生长量，易早开花结荚，但很易形成小老苗，待早春光照、气温适宜时，也无法达到预期的结荚盛期。

播前晒种1～2天，以提高发芽势和发芽整齐度。将选好的种子放入25℃～30℃的温水中浸泡2小时后捞出催芽。为避免烂种，须采取湿土催芽，即在育苗盒底先铺一层薄膜，膜上撒5～6厘米厚的细土，用水淋湿，将种子均匀播在细土上，再覆盖1～2厘米细土，然后盖薄膜保温保湿。在20℃～25℃的条件下，约3天可出芽。出芽后采用营养钵育苗，芽长1厘米时播种，每钵2粒发芽的种子，播后盖湿润细土2厘米厚，保持地温18℃～20℃，播种后苗床覆盖塑料薄膜。苗床白天温度控制在20℃～25℃，夜间15℃～18℃。若发现幼苗徒长时，应降低床温，并控制浇水。播种后25天左右，幼苗长出第二片复叶时定植。

（三）定　植

日光温室冬春茬菜豆生产，应提早至9月中下旬整地。在冬季低温寡照时期，菜豆的生长发育环境比较低劣，为增加土壤冬春季节的通透性，更应多施有机肥。每667平方米撒施腐熟有机肥5 000～10 000千克，然后深翻30厘米，提早将有机肥施入土中。整地时，再将粪土掺匀。10月下旬至11月上中旬定植，在每两个定植垄间开一道15～20厘米深的沟，每667平方米施三元复合肥40千克，同时顺沟灌底水，待水渗后顺沟起垄。栽苗时，每两株苗间再点施一小撮磷酸二铵，每667平方米约施30千克。

蔓生菜豆一般采用高垄畦栽培，垄宽25厘米，高15厘米，垄距65厘米。垄栽时做成宽40厘米、高10厘米、沟宽30～40厘米的垄。

菜豆苗龄达到25天时即可带坨定植。选晴天定植，每垄种2行，每穴栽2株，穴距28～30厘米。每穴灌50%多菌灵500倍液150～200毫升。栽完覆盖地膜，并打孔把幼苗引出膜外。

（四）定植后的管理

1. 温度管理　花期棚温过高或遇连阴天气是造成冬春茬菜豆落花落荚的主要原因，因此在冬春茬菜豆管理上应以温度的管理为主，根据菜豆的生物学特性，合理调控温室内温度。菜豆定植后的温度管理可分 3 个阶段进行管理：即开花前将白天棚温控制在 25℃～30℃，保持较高的温度，以促进茎蔓发育；开花期棚温白天控制在 24℃～28℃，菜豆花期需求的温度应偏高些，但不能超过 30℃，若超过 30℃就会因花芽分化不良而落花；结荚期可提高棚温，白天棚温控制在 25℃～30℃，以利于果实和茎蔓的发育。

连续阴雨雪天是造成春茬菜豆落花落荚的最主要的原因。如连续阴雨超过 4 天，即花荚不保，此时管理的主线更是尽可能地提高棚温，确保植株不受冻害；如连续阴雨天气少于 4 天，加上合理管理就可保花保荚。生产中若遇连续阴雨天气，应通过设“棚中棚”、盖草苫等措施提高棚温，以达到保花保荚保棵的目的。“棚中棚”的设置详见第一章中的“日光温室保温覆盖形式”。

2. 肥水管理

(1)浇水　底墒充足时，从播种出苗至第一花序嫩荚坐住，要进行多次中耕松土，以促进根系、叶片健壮生长，防止幼苗徒长。如遇干旱，可在抽蔓前浇水 1 次，浇水后及时中耕松土。第一花序嫩荚坐住后开始浇水，以后应保证有较充足的水分供应。浇水应注意避开盛花期，防止造成大量落花落荚而造成引起减产。扣膜前外界气温高时，应在早晚浇水；扣膜前外界气温较低，应选择晴天中午前浇水，浇水后及时通风，排出湿气，防止夜间室内结露，引起病害发生。寒冬应尽量少浇水，以防止浇水过多而降低地温，只要土壤湿润就不要浇水，如需浇水也应浇温水。一般在 2 月份后气温开始升高时，可逐渐增加浇水次数。

(2)追肥　每一花序嫩荚坐住后，结合浇水每 667 平方米追施硫酸铵 15～20 千克或尿素 5 千克，配施磷酸二氢钾 1 千克，或施入稀人粪尿 1 000 千克。以后根据植株生长情况结合病虫用药时进行。叶面肥可选施 0.2%尿素、0.3%磷酸二氢钾、0.08%钼酸铵、光合微肥、高效利植素(主要成分为油菜素内酯)等，可起到提高坐荚率,增加产量,改善品质的作用。

(3)肥水管理应注意的事项　一是花前应补硼。要想菜豆开花坐荚好,必须保证硼肥充足。可采取在花期补硼的办法,以提高菜豆的开花坐荚率。但如果花期补硼过晚,就不能发挥出应有的作用。补施硼肥应在菜豆开花前,这样效果更好。可在菜豆上架后每 667 平方米每次冲施硼砂 1～2 千克,也可用 1 500 倍液的速乐硼叶面喷洒,均能收到显著的效果。二是花期应控水。但控水应有度,切莫控过了头。因为控水过度会使土壤过分干旱而导致菜豆落花落荚。因此,为使菜豆花期土壤不至于太干旱,可在菜豆临开花前浇 1 次水,如开花期土壤过于干旱,也可适当浇一次小水。总之,菜豆花期土壤要保持干而不旱的状态,以保障菜豆顺利开花坐荚。三是菜豆开花后要补钾。菜豆开花坐荚后,需肥量逐渐加大,尤其是需要充足的钾肥。可在菜豆开花坐荚后,每 667 平方米每次冲施高钾复合肥 25 千克或钾肥 8 千克,以供其膨荚所需。

3. 植株调整

(1)控制徒长　在菜豆幼苗 3～4 片真叶期对叶面喷施 15 毫克/千克多效唑溶液,可有效地防止或控制植株徒长,提高单株结荚率 20%左右。扣棚后如有徒长现象,可再喷 1 次同样浓度的多效唑。开花期叶面喷施 10～25 毫克/千克萘乙酸液及 0.08%硼酸液,可防止落花落荚。

(2)吊蔓　植株开始抽蔓时,要用尼龙绳吊蔓(图 4-1);植株长到近棚顶时,可进行落蔓、盘蔓,以延长采收期,提高产量。落蔓前应将下部老叶摘除并带出棚外,然后将摘除老叶的茎蔓部分连同吊蔓绳一起盘于根部周围,使整个温室内的植株生长点均匀地分布在一个南低北高的倾斜面上。

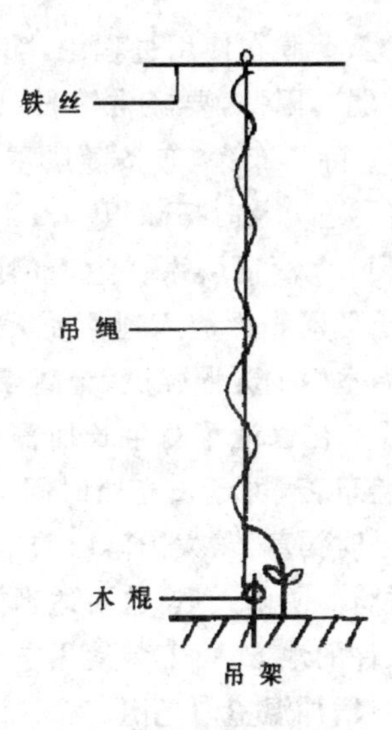

图 4-1　菜豆吊蔓示意图

(五)采　收

菜豆上市以元旦前和春节前的价格最高。因此,应尽量集中在这两个时间采收,但要注意适时采收,切忌收获过晚使豆荚老化而降低产品质量。

(六)冬春季保护地中增强光照的措施

在光照时间短、强度低的冬春季节,为使保护地内多接受阳光照射,对提高菜豆的产量和品质具有重要作用。增强光照的具体措施如下。

1. 合理布局　定植菜豆苗时力求秧苗大小一致,使植株生长整齐,减少植株间的相互遮光。同时要南北向做畦定植,使之尽量多接受阳光照射。

2. 保持棚膜洁净　棚膜上的水滴、碎草、尘土等杂物,会使透光率下降30%左右。新薄膜在使用过程中，随着使用时间的延长温室内光照会逐渐减弱。因此，要经常清扫，以增加棚膜的透明度。或棚膜面上拴一些除尘布条，布条随风左右摆动自动清除棚膜上的灰尘等。下雪天还应及时扫除积雪。

3. 选用无滴薄膜 无滴薄膜系在生产的配方中加入了几种表面活性剂，使水分子随薄膜面流入地面而无水滴产生。选用无滴薄膜扣棚，可增加温室内的光照强度，提高棚温。

4. 合理揭盖草苫 在保证菜豆生长所需要的适宜温度的前提下，适当早揭和晚盖草苫，可延长光照时间，增加光量。一般在太阳出来后0.5～1小时揭草苫、太阳落山前半小时盖草苫比较适宜。特别是在时阴时晴的阴雨天里，也要适当揭草苫，以充分利用太阳的散射光。有条件的地方，可安装使用电动卷帘机揭盖草苫，以缩短揭盖时间，相对增加温室内光照。

5. 张挂反光幕 用宽2米、长3米的镀铝膜反光幕，挂在温室内北侧使之垂直地面，可使地面增光40%左右、棚温提高3℃～4℃。此外，在地面铺设银灰色地膜也能增加植株间的光照强度。

6. 搞好植株调整 及时进行整枝、打杈、绑蔓吊蔓、打老叶等田间管理，改善温室内通风透光条件。

（七）怎样减轻大雾对菜豆的影响

我国北方冬春季经常出现大雾天气。只要有雾，日光温室中的菜豆生长发育就会受影响，特别是连续的大雾天气将严重影响日光温室菜豆的产量和品质。

1. 提高日光温室的保温性能 加厚墙体、挖防寒沟；提高日光温室的高度，加大日光入射角，增加日光入射率，提高日光利用率；覆盖增温塑料薄膜和保温性能较好的草苫。在日光温室内利用无纺布进行双层覆盖，在日光温室北侧张挂反光幕。采用上述方法可提高日光温室内的温度环境。

2. 改善光照条件　在有可能的情况下，实行人工补光。由于大雾天气仍有散射光可供菜豆利用，所以只要温度条件许可，仍应及时揭、盖草苫，让菜豆见光。即使是在温度较低的季节，也不能连续几天不揭草苫，应在中午短时间揭草苫让菜豆见光。防止温室内长时间黑暗环境捂黄叶片。

3. 及时喷施药物防治病害　在喷药时，加入0.2%磷酸二氢钾溶液和有机钙及锌、铁等叶面肥，以补充植株的钾、钙素等供应，解决根系吸收障碍，既可防止植株缺乏上述肥料元素导致的病害症状发生，又可增加细胞液的浓度，增强植株的抗寒能力。

4. 喷施芸薹素　在寒冬每20天喷施芸薹素——硕丰481(四川成都新朝阳生物化学有限公司生产)10 000倍液1次，以促进光合作用进行，增强植株抗寒力，促进根系的生长发育。

5. 科学盖草苫　连续大雾天突然变晴后，应在中午光照过强时“揭一盖一”地盖草苫，下午再揭开，防止光照过强导致叶片萎蔫。

(八)科学施用硼肥

菜豆落花落荚一直是困扰菜豆高产的一个难题，其发生的主要原因是缺硼。很多菜农都知道补硼能提高菜豆的开花坐荚率，但不少菜农都把补硼安排在花期，这是不科学的，因为花期补硼不能达到理想的效果。菜豆缺硼会严重影响花芽分化，但花芽分化从菜豆幼苗期就开始了，在花期喷硼并不能解决菜豆前期缺硼造成的花芽分化差的问题；而且花期喷硼肥时，溶液容易把花柱头喷湿，将直接影响菜豆授粉，更容易导致落花落荚。因此，从菜豆定植缓苗后就应该开始补硼，以满足菜豆前期花芽分化需要，增加花粉数量，促进花粉粒萌发和花粉管生长，提高菜豆开花坐荚率。为了从根本上解决缺硼问题，应该在施基肥时每667平方米施硼砂2千克；追肥时，可在缓苗后喷施硼砂600倍液或速乐硼1 200～

1 500倍液,每半个月喷1次,连续喷2～3次。另外,土壤过于干旱会导致植株根系吸肥能力受阻,因此在菜豆生长期要注意及时浇水,保持土壤湿润。

二、早 春 茬

黄河流域地区可在2月上旬至3月上旬育苗,3月下旬定植,4月下旬至6月上旬收获。山东省以北地区,育苗、定植时间应向后推迟。

(一)品种选择

宜选择早熟、丰产、抗病、商品性及耐寒性较好的蔓生型品种。

(二)培育壮苗

在日光温室内扣小拱棚育苗,从2月中下旬至3月上中旬均可进行。

1. 营养土配制 可选肥沃的生茬园土加充分腐熟的鸡粪或羊粪(土粪比为6∶4)配制成营养土,过筛后在每立方米营养土中加入过磷酸钙2.5千克、硫酸钾1.5千克或草木灰10千克、磷酸二铵2千克,菌虫净100克,充分拌匀备用。

2. 种子处理 播前选晴天晒种2～3天,可使种子含水量一致,以利于出苗整齐。再用55℃温水浸种15分钟,并不断搅拌,待水温降至30℃时再浸种4～6小时,而后再用0.1%高锰酸钾或10%磷酸三钠溶液浸种15分钟,捞出用清水冲洗干净,沥干后用湿纱布包好放置于28℃～30℃条件下催芽,待种子露白后即可选晴天上午播种。

3. 播种育苗 选用径高10厘米×10厘米的营养钵。播前床内灌足底水,待水完全下渗后再播种,每钵点播种子3～4粒,每

667 平方米用种量为 3～4 千克，播后覆土 1.5～2 厘米厚，再覆盖小拱棚。播种后拱棚内白天温度保持 25℃～30℃，夜间保持 18℃～20℃，床内地温保持在 15℃以上，若地温不足，床内地表可覆盖地膜，拱棚上可于夜间加盖草苫或保温被。出苗时注意及时揭去地膜，以防止幼苗徒长或由于白天温度过高而导致子叶被灼伤。当幼苗子叶展平后，白天保持 18℃～20℃，夜间保持 10℃～15℃。当对生叶充分展开、第一真叶出现后，为促进根、茎、叶生长和花芽分花，应适当提高温度，白天保持 20℃～25℃，夜间保持 15℃～20℃。定植前一周进行幼苗锻炼，白天保持 15℃～20℃，夜间保持 10℃～15℃。

(三)定　植

1. 定植前的准备　在定植前 15 天维修好温室，并清除温室内的残枝败叶，浇足底水，每 667 平方米施优质腐熟农家肥 5 000 千克、复合肥 50 千克、过磷酸钙 50 千克、硫酸钾 40 千克、菌虫净 1.5 千克，施前将农家肥与化肥充分混合，再撒入温室，深翻两遍。而后南北向起垄，垄宽 70 厘米、垄高 20 厘米、垄间沟宽 50 厘米，每垄中间开深 10～15 厘米的浅沟作为浇水沟。

2. 施用菌肥防“红根”　“红根”是菜农对菜豆根部病害的一种统称。“红根”发生后常造成植株萎蔫死亡。造成红根的主要原因由生理性伤根和发生炭疽病和疫霉根腐病引起。针对灌根防病难的问题，应重视菌肥的应用。菌肥施入土壤后大量繁殖形成有益菌群，从而改善了作物根际环境，抑制了土传病害的侵染，同时菌肥还能促进菜豆发生新根，增强根系的抗病抗逆能力，因此施菌肥是预防菜豆红根死棵的理想方法。定植前，每 667 平方米温室可穴施或沟施优质菌肥（如激抗菌 968 肥）60～80 千克，采用以菌抑菌的方法预防根部病害。

3. 定植　从 3 月中旬至 4 月中下旬，当幼苗具 6～8 片真叶、苗龄为35～40天、温室内地温稳定在10℃以上时，选“冷尾暖头”的晴天上午定植。定植穴距为25～30厘米，每667平方米保苗3 300～4 000穴，每穴保留壮苗两株，先栽苗后浇水，水下渗后培土，覆盖地膜，并把苗引出膜外。定植后，于当日傍晚用香油炒熟谷子或小米并拌入敌百虫或辛硫磷，撒于温室内的大小行间，以诱杀蝼蛄，防止咬苗。

(四)定植后的管理

1. 温度管理 定植后的5～7天为缓苗期，由于当时外界气温较低，管理上应以增温保温为主，以促进缓苗，白天保持25℃～30℃，夜间保持15℃～20℃。缓苗后适当降温，白天保持15℃～25℃，夜间保持12℃～15℃，严防幼苗徒长。抽蔓期白天保持22℃～28℃，夜间保持15℃～20℃；开花结荚期适当降低白天温度，以促进结荚，白天温度以22℃～26℃、夜间以15℃～20℃为宜。进入结荚盛期，由于外界气温不断升高，要加大通风量，严防温室内出现高温而造成落花。

2. 光照管理 要及时清洁棚膜，做到早揭晚盖草苫，尽量多见光。若遇连阴雨雪天，待放晴后要缓慢揭草苫或采用揭花苫等措施，严防升温过快而导致植株萎蔫。

3. 吊蔓整枝 在每行菜豆上方拉一道14号铁丝，将专用吊绳上部系在铁丝上，下部系在菜豆基部。在植株生长中后期及时疏去中下部病、老、黄叶，以改善通风透光。当菜豆长至1.8至2米时，要打掉主头，促进分生侧枝。若植株过旺，要不间断地抹去过多的分杈，防止形成“伞形帽”，影响光照及中后期产量。

4. 水肥管理 缓苗到开花结荚前，要严格控制浇水，防止植株徒长。浇定植水后，隔几天再浇1次缓苗水，以后严格控制浇水。可中耕2～3次，以加强土壤的透气性，起到保墒作用。中耕时防止伤根并结合培土。当植株抽蔓时结合吊架浇1次小水，开花期不宜浇水，待豆荚大部分坐住时再浇 1 次大水。为了提高产量，结合浇水追施适量的化肥。菜豆的根瘤不十分发达，固氮能力弱，需要追施少量氮素化肥。一般第 1 次追肥宜在开花前施，浇水时每 667 平方米冲施人粪尿 2 000 千克或尿素 10～15 千克；结荚期追施 1 次重肥，每 667 平方米追施氮磷钾复合肥 20～30 千克，以满足植株对营养的大量需求。每采收一次结合浇水追施 1 次肥料，每 667 平方米施用尿素 10～15 千克。可根据菜豆生长情况补充适量叶肥，效果会更明显。如用 0.01％钼酸铵＋1％葡萄糖或 1 毫克/千克维生素 B_1 溶液喷洒，可提高菜豆的产量。当菜豆枝蔓生长顶住棚膜时，要及时打顶，以转移营养供应促进结荚。

（五）适时采收

要根据菜豆不同的品种特征、特性，做到适时采收。一般在花后 15～20 天，当豆荚由细变粗，豆粒略显，荚大且嫩，达到本品种应有的长度时即可采收。如采收过晚，豆荚品质下降且影响以后的产量。采收时要注意避免伤花、伤蔓。

（六）如何促进早春茬菜豆“二次结荚”

保护地早春菜豆较早熟，采收期较短，一般只有 40 余天。若管理得当，果荚采收完后仍枝叶茂盛。为了延长日光温室菜豆的采收期，提高菜豆产量，在第一茬荚果采收后，不要拉秧；注意清除田间杂草，去掉植株上的老叶，喷药防病；重施 1 次肥，一般每 667 平方米施尿素 25 千克，连浇 2 次水，促使植株抽生新的枝芽和花序，促使二次结荚。这时外界气温适宜菜豆的正常生长可去掉棚膜，进一步改善菜豆的通风、透光条件。此时菜豆的叶面积指数大，生长速度快，可充分发挥生产潜力。在各种条件都优越的情况下，第二次结荚品质优于前茬，果荚肥大，产量较高，产量可比第一次结荚提高 15％以上，采收期可延长 30 多天。

采用二次结荚技术时，须保证生长后期茎叶茂盛，植株健壮无病害，否则二次结荚的效果不明显，倒不如拉秧改茬。

三、越夏茬

该茬多是为充分利用6～10月份日光温室闲置期而安排的。这一时期温度高、光照强，加之烟粉虱、白粉虱、美洲斑潜蝇等害虫为害严重，不适宜菜豆正常生长，必须配合使用遮阳网、防虫网等辅助设施进行菜豆生产。

（一）品种选择

应选择既耐高温又抗锈病的品种。在寿光市一般选用潍坊地方品种“老来少”，也可用泰国“架豆王”。

（二）播种方式

一般在上一茬菜豆拉秧结束后的6月上旬直接播种。此时期应选用宽行密植，便于通风透光。按株、行距25厘米×65厘米作穴播，每穴播2～3粒种子，最好在浇水后第三天播种，种子一定要拌药，一般用激抗菌968菌剂1 000倍液防治根腐病。播后培小土包，以保持土壤湿润，待1周后出苗率达80%时，浇小水以保苗全苗齐。

（三）田间管理

1. 结荚前期的管理

（1）调节温湿度　棚膜除顶膜外，棚前裙膜和顶风口应尽量打开以利于通风降温，同时顶膜之上要覆盖遮阳网，前裙膜处和顶风口要覆盖防虫网。此时棚膜和遮阳网有遮阳的作用，温室内温度相对低些。但是一定要固定好棚膜，防止大风把棚膜吹坏，造成不必要的经济损失。此时一定要控制好适度蹲苗，浇水后马上中耕除草，要深锄以利于断根，防徒长。此后一般不浇水，如果午后2时菜豆叶还萎蔫，应浇小水，防止控水过度，影响菜豆正常生长。

(2)适时掐尖　菜豆生长期遇高温极易徒长，节间拉长，易使秧苗细弱，为了克服这一缺点，要适时掐尖。当第三组叶片形成时，将上方生长点掐掉，即秧苗长到80厘米左右时掐尖。掐尖后由于营养生长回缩，使枝蔓粗壮，很快在下部节间长出杈子，生出结果枝组，能够调整植株结构，能早开花、多结荚。另外，也可用矮丰灵600倍液浇根的化学控制措施，使菜豆秧苗粗壮，促进侧枝萌生，起到控制徒长的作用。

2. 结荚期的管理

(1)防止落花落荚　夏季菜豆开花遇高温多雨易落花落荚，只长秧子不结荚，往往造成歉收。在保护地栽培菜豆可以克服这一缺点，但也要注意遇到高温时空气相对湿度低于75%易造成落花落荚，应在控制土壤湿度的同时，在上午9时向植株喷水以降温和增加空气湿度。另外，可用防落素10毫升加水2升，用小喷雾器喷花，效果良好。当土壤过于干燥时应浇小水，利于开花坐荚。

(2)加强肥水管理　当第一茬豆荚大部分长到2～3厘米时，豆荚基本已坐住，可以浇一次透水，每667平方米随水追施磷酸二氢钾10千克。每摘一次荚后要浇一次水，隔水追肥，可用磷酸二氢钾和人粪尿交替施用。

(3)封住生长点　当菜豆秧接近棚顶时，要控制住上部疯秧现象，当植株长到距棚面20厘米时把生长点去掉。否则，会使上部呈荫蔽状态，致使植株生长不良。

(4)及时“翻花”　菜豆生长后期，根系活力下降，枝条花荚消耗大量养分，此时要及时剪除部分老叶、病叶、茎叶和枝蔓，并及时追肥、浇水。剪叶部位以中下部为主，剪枝蔓以上部为主，枝蔓剪除长度以30～40厘米为宜，不可剪除太重。

3. 病虫害防治 注意加强对钻心虫、锈病和炭疽病的防治。

(四)越夏菜豆高产措施

要想获得越夏菜豆高产,最关键的是要做好花期管理,主要应抓好以下 4 项管理措施。

1. 开花前要补施硼肥 要想开花坐荚好,必须及时施硼肥。不少菜农往往采取在花期补硼的方法,以此提高菜豆的开花坐荚率。实际上花期补硼为时已晚,不能发挥出应有的效果,在菜豆开花前补肥,效果最好。在菜豆上架后每 667 平方米每次冲施硼砂 1～2 千克,也可用速乐硼 1 500 倍液作叶面喷洒,均可收到显著的效果。

2. 花期要控水 花期应控水,但控水应有度,切莫控过了头,因为控水过度会使土壤过分干旱也能导致菜豆落花落荚。因此,为使菜豆花期土壤不至于太干旱,可在菜豆临开花前浇 1 次水。如开花期土壤过于干旱,也可适当浇 1 次小水。总之,菜豆花期土壤要保持干而不旱的状态,才最适合菜豆开花坐荚。

3. 花谢时要拾花 菜豆残花易感染灰霉病。因此,每当花谢后都要摇一遍菜豆架,把残花摇落。最后,一定要把摇不落的残花逐个摘掉。这种摘除残花的过程寿光菜农称之“拾花”,大量的实践证明,拾花是防治菜豆灰霉病的一项重要措施。

4. 花后要补钾 菜豆开花坐荚后,需肥量逐渐加大,尤其是需要大量的钾元素。可在菜豆开花坐荚后,每 667 平方米每次冲施高钾复合肥 25 千克或钾肥 8 千克,以供膨荚所需。

(五)控制越夏菜豆旺长——秧蔓“转呼啦圈”

由于菜豆茎蔓旺长常导致菜豆开花坐荚困难。很多菜农采取花期不浇水或降低棚温等措施来缓和菜豆茎蔓长势,促进开花坐荚。但这些措施会增加菜豆畸形荚的数量。把旺长的菜豆蔓多盘几个圈，然后再让其顺吊绳生长，可起到削弱菜豆茎蔓顶端优势的作用，缓和菜豆茎蔓的长势，并可促进侧蔓的萌发。其具体方法是：在菜豆茎蔓长到1.5米高时，在菜豆茎蔓靠近生长点的地方，用茎蔓盘圈。选择开始盘圈的茎节不可过低，以免导致茎蔓长势太弱。盘圈的直径13～18厘米较合适。如盘圈过大，缓和旺长的作用不明显。如盘圈过小，一是由于茎蔓脆嫩，容易盘折茎蔓；二是抑制作用太明显，常导致盘圈处茎节不再萌发侧蔓。盘圈个数依植株长势而定，长势稍旺的植株可盘圈2～3个。长势过旺的植株除在主蔓上盘圈外，侧蔓也可盘圈，一般每株盘4～5个圈即可。

四、秋冬茬

9月上旬播种，10月下旬至翌年元月下旬收获。这茬菜豆在前期温度、光照还比较适宜时，完成开花坐荚过程，在低温来临期，荚果缓慢生长，维持到春节前上市。

（一）品种选择

选用抗病性和抗逆性强、分枝少、以主蔓结荚为主、结荚集中、单荚重、产量高、纤维少、品质好的品种。同时，也要考虑消费者的饮食爱好习惯。

（二）直　播

秋冬茬菜豆播种时气温、地温均比较适宜，生长速度很快。菜豆的特性是在适宜的地温和气温环境条件下，有利于主蔓生长，分化的侧枝少，高产栽培应适当增加栽培密度。

秋延后菜豆栽培，菜豆幼苗在气温、地温较高的情况下生长很快，根、茎、叶同时发展，幼苗期很短，育苗移栽相应增加了劳动用工，同时时间紧迫。在气温、地温高的情况下幼苗缓苗迟缓。另外，育苗栽培的营养生长势弱，很难培育壮株争取高产。当前多以直播为好。

菜豆的根瘤菌不太发达，为提高菜豆根系固氮能力，播种前用根瘤菌拌种，其具体方法是：每 667 平方米用 4～5 千克的种子加根瘤菌粉 50 克拌种。把种子先用 55℃的热水烫 15 分钟，捞出后放在冷凉水中淘洗一下，把根瘤菌粉剂均匀地拌在种子上，拌后不要在经太阳下暴晒，稍晾后即可播种。由于秋季菜豆分枝少，种植密度应在 4 000 穴以上，每穴不少于 3 株。播种时，应平整地面。若干旱，先按宽行 60 厘米、窄行 50 厘米开沟浇水，把种子播在沟缘半坡处，穴距 30 厘米左右。播种后趁墒封沟，种子上面盖土厚度为 4～5 厘米，播种后用菜耙子搂平即可。墒情好的，可挖穴播种。

菜豆不论是沟播或穴播，在播种时苗距基本确定，如果出现缺苗，必然影响产量，在子叶展开时，尚未出土的种子势必质量过差，即使后来出土也失去价值，因此要注意及时补苗。

为使后补的菜豆与先播的幼苗生长势接近，重补种新种子为时已晚，为此在播种时须另设一小块苗床，用营养钵育苗。补苗时在空穴上挖开深 10 厘米的坑，浇水后栽苗或栽苗后浇水，等水渗下时封坑。补苗越早，苗的整齐度越高。此外，要注意防止地下害虫的为害。为充分利用日光温室空间，日光温室北墙根处可种 1 行菜豆。

（三）田间管理

1. 轻控重促　秋冬茬栽培的气候特点是前期光照条件好，温度比较适宜，随着时间推迟，光照条件和温度条件越来越差。因此，前期要充分利用有利的光照、温度条件，轻控重促，待营养生长基本完成后，气温随着下降，植株的营养生长自然受到抑制，很难出现继续旺长现象，抓好肥水管理，促进产量形成，才能达到高产。

2. 合理整枝　植株开始抽蔓时，要用尼龙绳吊蔓，蔓长到距温室屋面20厘米时摘心，让植株的营养输送向生殖生长方面转移。侧蔓留2～3叶打顶，以促进花序的抽生。待植株长到近棚顶时，可进行落蔓、盘蔓，以延长采收期，提高产量。落蔓前应将下部老叶摘除并带出棚外，然后将摘除老叶的茎蔓部分连同吊蔓绳一起盘于根部周围，使整个温室内的植株生长点均匀地分布在一个南低北高的倾斜面上。整枝时摘除病叶和病荚。

3. 水肥管理要及时　秋冬茬栽培，菜豆的营养生长和生殖生长都比较集中，肥水跟上才能夺得高产。一般在抽蔓时浇1次小水，追少量化肥，每667平方米施尿素10～15千克。打顶前浇水时冲施1次重肥，每667平方米施尿素25～30千克，让植株得到充足的营养物质，才能适应生长期的需要，有效地提高产量。

4. 扣膜时间的确定　日光温室秋冬茬栽培扣棚膜的时间应根据两方面的情况来确量：一是根据菜豆植株大小确定早扣膜或晚扣棚膜。播期适宜，生长速度快，植株强壮，可在温度下降时再扣膜；播种晚，植株矮小，为了充分利用当时的光照条件，需提高温度，让植株快速生长，可提早扣膜，以控制适宜的温度；二是根据外界气温下降情况，一般最低温度达到4℃～5℃时，不适应菜豆的生长，就应及时扣棚膜。扣膜前要全面地检查和维修。检查拱杆是否有毛刺、裂口，会不会挂破农膜，检查菜豆支架是否超出棚面，如支架过高的应及时剪短，还应检查棚墙是否牢固、压膜线是否齐全和棚前、膜内地面上有无尖棱之物，一切检查工作就绪、存在问题已经解决后，利用晴天无风的早上或下午及时扣上棚膜。

5. 扣棚后的管理　扣棚初期，要让菜豆有一个适应的过程，温度不宜升得太快、太高。一般白天大量通风，适当提高夜间的温度，天黑后盖好通风口。经过5～7天后，植株基本适应温室条件后，白天温度保持25℃～28℃，夜间保持15℃～17℃。浇水追肥后，要加大通风量，减少温室内的湿度，防止引发病害。

6. 合理采用化学控制技术 在秋冬菜豆上喷施助壮素，能有效地促进花芽分化，使其早开花，多结荚，以提高产量。其方法是：当苗高30厘米时，用100毫克/千克助壮素和0.2%磷酸二氢钾溶液混合均匀后喷雾；当苗高50厘米时，用200毫克/千克助壮素和0.2%尿素溶液混合均匀后喷雾；当苗高70厘米时，用200毫克/千克助壮素和0.2%磷酸二氢钾混合溶液，连续喷施2～3次。每次喷施时间最好在晴天上午进行。

(四)采　收

采收时间要根据市场的行情确定，一般秋冬茬菜豆上市时，市场价格一天比一天高，特别是节假日，市场销量倍增。但菜豆生长速度随着时间的推移一天比一天慢，为了取得较好的产量，秋冬茬采收和春季大不一样，多以大荚为主，尽量延缓采收时间，在节假日时，采收上市，经济效益会更好。

(五)科学贮藏增效益

菜豆短时间贮存可明显增加效益。其具体方法是：在一个大水缸里加20升水，上面架木篦帘，把豆荚排放在缸里，放平后盖一块农膜，缸里保持5℃左右的温度，可贮存10～15天再上市，增加效益50%以上。还可用硅窗塑料保鲜袋，每袋贮存20～25千克，效果很好。

五、越冬茬

9月下旬或10月上旬播种，11月下旬至翌年3月下旬为收获期。该茬温度条件差，光照弱，栽培密度要略小，产量较低，但产品价格较高，经济效益较好。

(一)品种选择

越冬栽培应选择耐低温弱光、结荚节位低、产量高的品种,如绿龙、丰收1号、棚架豆2号、老来少等菜豆品种。

(二)培育壮苗

越冬茬栽培的适宜播种期为9月下旬至10月上旬,播前晒种1～2天,以提高发芽势和发芽整齐度。将选好的种子放入25℃～30℃的温水中,浸泡2小时,然后捞出催芽。为避免烂种,须采取湿土催芽,可在育苗盒底铺一层薄膜,其上撒5～6厘米厚的细土,用水淋湿,将种子均匀播在细土上,覆盖1～2厘米厚的细土,最后盖薄膜保温保湿。在20℃～25℃的条件下,约3天即可出芽。出芽后采用营养钵育苗,待芽长到1厘米时播种,每钵播2粒发芽的种子,播后盖湿润细土2厘米厚,地温保持18℃～20℃,苗床覆盖塑料薄膜。苗床白天温度控制在20℃～25℃,夜间控制在15℃～18℃。若发现幼苗徒长时,应降低床温,并控制浇水。播种后25天左右,幼苗长出第二复叶时定植。

(三)定　植

1. 施肥、整地与做畦　定植前施足基肥,一般每667平方米施用腐熟有机肥3～5立方米、过磷酸钙30～50千克、硫酸钾5～10千克(菜豆不耐碱,对氯离子敏感,不能用盐碱土配床土,因其含氯离子多);或在施用有机肥的基础上施用氮磷钾复合肥20～30千克。将肥料撒匀,深翻30厘米,耙细整平后南北向做成1.2～1.3米宽的平畦。做畦后扣棚膜,高温闷棚3～4天。

2. 定植　选晴天栽植,每畦栽2行,穴距25～30厘米,每穴栽双株,每667平方米栽植6 800～7 500株。开沟水稳苗栽植,或采用开穴点浇水栽植,定植后整平畦面,覆盖地膜。

(四)定植后的管理

1. 前期管理 定植后前期适当控制浇水,促进根系和茎叶生长。为促进菜豆花芽分化,白天保持棚温20℃～25℃,夜间保持12℃～15℃。如白天气温超过25℃时要及时通风。

2. 抽蔓期管理 抽蔓期追施一次速效氮素化肥,每667平方米施尿素10～15千克,追肥后浇一次水,接近开花时要控制浇水,做到浇荚不浇花。为防止菜豆豆蔓互相缠绕和倒伏,要及时搭架,日光温室栽培宜用吊绳进行吊蔓栽培。

3. 开花结荚期管理 此期间白天温室内气温保持20℃～27℃,夜间保持15℃～18℃,草苫早揭晚盖,尽量使植株多见光,延长见光时间。当嫩荚坐住后,结合浇攻荚水,每667平方米冲施尿素5～10千克、硫酸钾10～20千克,或氮磷钾复合肥20～30千克。第一批荚采收后再进行追肥,每667平方米施尿素5～10千克,或氮磷钾复合肥10～15千克。以后每采收2次追施1次速效肥,每667平方米追施磷酸二铵或氮磷钾复合肥20千克,或速效化肥与腐熟的人粪尿交替追施。每次追肥后随即浇水。一般7天左右采收1次。早春阴雨天时,要注意使植株多见散射光,并坚持在中午通小风。久阴初晴时,为防止叶片灼伤,要适当遮荫,待植株适应后再大量见光。

4. 立柱状整枝 改伞形整枝为立柱状整枝,将株形整成立柱状,有利于开花结荚和连续结荚,做到自下而上,从立体方面拿产量,改变过去伞形整枝只从顶部拿产量,因而总体产量较低的现状。

立柱状整枝的做法是:当植株长到离上部铁丝20厘米左右,主蔓有互生叶6～7片时,就将菜豆去头(即摘心),利用萌发的侧蔓结荚。但是光做到这一点还不够,因为最上部2～3片叶叶腋萌发的侧枝生长最快,也易使株形呈伞状,这样就须将主蔓最顶部

2～3叶萌发的侧枝疏除，只留下部3～4片叶腋萌发的侧枝结荚，使植株中下部的侧蔓向上生长，使植株形成柱形结构，这样结荚就会增多。

将植株整枝成为立柱形结构后，还应注意防止侧枝生长到铁丝之上时，在水平方向爬蔓，再次形成郁闭；尤其是注意操作行不能郁闭，但是到了结荚盛期后，植株萌发的侧枝较多，不能再单个疏头，可以用一块60厘米长的竹竿将铁丝顶部新萌发的侧枝水平疏去，对于垂直方向的侧枝也用小竹竿疏去，保持植株的柱形结构，使植株在垂直方向见光多，促进植株整体的花芽分化，这样才能为取得总体的高产打下基础。

(五)越冬期间雪后管理

1. 雪前要预防 增施有机肥，以增加土壤的热容量，缓冲连阴天热量散失带来的温室内降温，还可以促使根系提高耐寒能力。此外，要注意合理用水。冬前适度控水，降低室内空气湿度非常重要，同时要制造一个底墒足、表土干的环境条件。

2. 阴雪天重视管理 连阴雪天及时揭、盖草苫。连阴天不下大雪时，也要揭、盖草苫，争取难得的散射光。连阴雪天草苫要比晴天晚揭早盖1个小时。

在连阴天的情况下，菜豆的光合作用很弱，合成的光合产物很少，为减少呼吸消耗，必须降低温度。夜间一般比晴天要降低1℃～2℃。

中午要注意通风换气。在连阴雪天的情况下，呼吸消耗大于光合作用，日光温室内会积累大量的二氧化碳等有害气体，因此在连阴3天以上时，中午要通顶风1～2个小时。此外，还要注意给予人工补光。每50平方米设置1盏100瓦的灯泡增加室内光照。灯泡和菜豆叶片保持50～60厘米的距离。每天早晨开灯2～3小时，待室内的光照增强后闭灯。阴天可全天开灯补光。

3. 晴天巧管理 多日持续阴雪天，一旦暴晴，切勿早揭和全揭草苫，以防止气温突然升高和光照突然加强，导致“闪苗”死棵。应揭“花苫”，喷温水，防止闪秧死棵。即掌握适当推迟揭草苫受光照的时间，并且要隔 1 个或隔 2 个草苫揭开 1 个草苫，使温室内栽培床面积上间隔受光和遮光。当受到阳光照射的菜豆植株出现萎蔫现象时，立即喷洒 10℃～15℃温水，并将揭开的草苫再覆盖，而将仍盖着的草苫揭开。如此操作管理 1 个白天，第二天可按常规管理揭开草苫，就可避免出现萎蔫闪秧。

第五章　日光温室菜豆土壤障碍控防技术

一、土壤板结

(一)表　现

日光温室土壤表层形成片块状、土壤黏重、透气性差、渗水慢，说明土壤团粒结构遭到严重破坏，这种情况多出现在种植多年或使用推土机新建造的菜豆日光温室中，这是土壤板结严重的表现。

(二)原因分析

1. 使用化肥不合理　长期单一地施用化肥，腐殖质不能得到及时地补充，会引起土壤板结，还可能龟裂。向土壤中过量施入氮肥后，微生物的氮素供应增加 1 份，相应消耗的碳素就增加 25 份，所消耗的碳素来源于土壤有机质，有机质含量低，影响微生物的活性，从而影响土壤团粒结构的形成，导致土壤板结；向土壤中过量施入磷肥时，磷肥中的磷酸根离子与土壤中钙、镁等阳离子结合形成难溶性磷酸盐，既浪费磷肥，又破坏了土壤团粒结构，致使土壤板结；向土壤中过量施入钾肥时，钾肥中的钾离子置换性特别强，能将形成土壤团粒结构的多价阳离子置换出来，而一价的钾离子不具有键桥作用，土壤团粒结构的键桥被破坏了，导致土壤板结。

2. 使用推土机筑墙体不科学　新建日光温室时，推土机把熟土层(即耕层)推到墙体上，而留下的耕作土壤为原来的生土层，土壤中有机质含量较低，土壤多为柱状或块状结构，而团粒结构含量很少，土壤非常黏重，通气、透水性极差，不利于菜豆根系的生长发育;土壤缓冲能力弱,造成盐分积累,发生次生盐渍化。

3. 优质有机肥投入量少 改良土壤、培肥地力的土壤有机质含量不高,更新缓慢所致。

4. 大水漫灌或沟灌 破坏了灌溉行土壤团粒结构,土壤板结,通气、透水性能变差。

5. 管理科学 菜豆定植后,在栽培管理期间进行整枝、打杈、喷药、施肥、采收等操作,操作行土壤被踩压、踏实,也是造成土壤板结的重要原因之一。

(三)改良措施

1. 增施有机肥料 有机肥料的使用应当切实注意有机质的含量问题,因为只有高有机质含量的有机肥料,才具有培肥地力,改良土壤的效果,而含氮量高的有机肥料改良土壤效果不十分明显,如鸡粪,含氮量较高,在土壤中分解较快,培肥地力、改良土壤的效果较差。

2. 实行秸秆还田 秸秆包括麦穰、麦糠、粉碎的玉米秸等,都是目前较好的有机肥资源,其有机质含量高,改土效果非常明显。一般在作物定植前20～30天,每667平方米使用1 000千克左右的秸秆,灌足水、盖上地膜、盖严日光温室薄膜、闷棚,既具有改良土壤的良好效果,又能有效地消除日光温室土壤的次生盐渍化,并且投资少、见效快。

3. 增施微生物肥料 土壤中施入微生物肥料,微生物的分泌物能溶解土壤中的磷酸盐,将磷素释放出来;同时,也将钾及微量元素阳离子释放出来,以键桥形式恢复团粒结构,消除土壤板结。

4. 积极推广使用高效土壤改良剂——松土精 松土精是英国汽巴净化水处理有限公司采用国际尖端科学技术生产的高科技、高效土壤改良剂。它能有效地增加土壤团粒结构,消除土壤板结;使土壤渗水、保肥、保水能力大大增强;提高土壤的通气性,促进土壤有益微生物的生长发育，提高肥料利用率，减少土传病害的发生，菜豆根系粗大、增产效果明显，尤其在冬春低温季节表现尤为突出。据测定，每667平方米使用松土精500～1 000克，改良效果明显，可作基施、冲施肥施用。

5. 适度深耕 科学适度的深耕应为30厘米左右，有利于保护土壤耕作层结构不被破坏和作物根系的生长。

二、土壤盐害

(一)表 现

土壤发生盐害，地表出现白色的结晶物，特别在土层干旱和日光温室休闲期易于发生。个别严重的地块出现青霉和红霉，为磷、钾过剩所滋生的微生物。

盐害对菜豆的影响可分为以下4个阶段。

第一阶段：土壤盐分浓度在0.3%以下，在此阶段菜豆基本上没有盐害表现。

第二阶段：土壤盐分浓度达到0.3%～0.5%，这时菜豆也没有直接表现盐害症状，但已受到间接的生理病害，根系发育受严重影响。在气温升高时，植株发生萎蔫，即使增加灌水量，萎蔫也不能消除，易引起其他病害，致使产量下降。土壤干燥时，表层出现坚硬的结皮层。

第三阶段：土壤盐分浓度升高至0.5%～1%，此时菜豆表现出生理病害症状。其主要症状是：生长受到抑制，叶小并萎缩，叶色深绿，叶缘翻卷；生长点处嫩叶表现出叶缘黄化和卷缩，中部叶片边缘出现坏死斑，严重时连成片，呈现似镶金边的症状；根系发黄，不发新根。在土壤并不缺水的情况下，植株白天萎蔫，但到翌日早晨又恢复生机，如此循环最终枯死，造成绝产。

第四阶段:土壤含盐量超过1%时,菜豆幼苗难以成活,即使成活的菜豆苗也生长缓慢,叶缘出现褐色枯斑,根系发黄,生长点受损,植株出现萎缩并逐渐枯死。

(二)原因分析

1. 盲目施肥形成土壤盐害 部分菜农对各类肥料在植株生长发育中所起的作用和所产生的影响了解不够全面,主要表现在以下3个方面:一是偏施某一种肥料。在寿光市最普遍的是基肥大多以含养分较高但盐分也较多的鸡粪为主,这样便将较多的盐分带到土壤中,使土壤产生盐害;误认为多施肥能高产出,不考虑作物需肥量及种类,盲目和大量地施肥,致使肥料利用率降低,且造成土壤中氮、磷、钾比例失调,引起土壤盐分偏高;二是生施人、畜尿和施入带有大量副成分的化肥,造成土壤盐渍化;三是盲目增施化肥。化肥施入土壤以后,一部分被作物吸收,一般利用率为20%左右,大部分随水流失或被土壤固定,这部分化肥占总施肥量的80%左右。被土壤固定的盐和地下水上行导致的返盐,造成了土壤的积盐现象。

2. 日光温室设施的特定环境容易形成盐害 日光温室是人为创造的有利于菜豆反季节生产的小环境,一般盖膜时间较长,特别是日光温室菜豆一年内揭去顶膜的时间仅为6~10月份,有的甚至常年不去顶膜,雨水冲刷时间较短,因而为盐分积累创造了条件。此外,日光温室内温度相对较高,土壤水分被植株吸收的数量和蒸发量较大,地下水中的盐分随水带到耕作层而聚集。

3. 土质黏重 土质黏则保肥性强,养分流失少,特别是在日光温室内无雨水淋洗,肥料用量比露地栽培大,长期耕作后加重了土壤盐化。尤其是连作土壤年复一年,土壤障碍有增无减。

4. 不良的耕作措施 浅耕、面施肥料、表面灌溉等栽培措施加剧了盐分向表土集中。如果日光温室土壤的地下水位高,排水不畅,也容易引起盐分在土表积聚。

(三)改良措施

1. 地膜覆盖　日光温室菜豆垄面覆盖地膜,除能保温、保水、保肥、驱蚜虫和降低株间湿度外,还有抑制土壤盐渍化的作用。据试验,对盖膜畦与不盖膜畦的对比测定结果,盖膜的0～5厘米土层的含盐量为不盖膜的60%。但是这种治盐方法只是暂时的治标措施,因为此法的作用仅局限在0～5厘米土层,对5～25厘米土层内的总盐量并没有减少,揭膜后,盐分仍会随土壤水分运动而上升。

2. 深耕灌水洗盐　日光温室菜豆收获后,利用休闲期深耕整平,做成大畦后放大水浇灌1～2次,如果能利用地下管道排水更好。

3. 种植吸盐作物　利用休闲阶段种植苜蓿、绿豆、大豆或玉米,为不耽误下一茬菜豆种植,可及时收获作为牲畜的青饲料。

4. 增施有机肥料　每667平方米可增施牛、马粪若干立方米,也可把作物秸秆铡碎撒施并深翻于土壤中,每667平方米施用1000千克为宜。如果施用草炭或稻壳、麦壳10立方米以上,效果更好。还可配合基施优质猪肥或鸡粪10立方米以上。

5. 增酸压碱　测试温室土壤pH值超过7.5以上时,每667平方米土壤随水冲施醋酸溶液10千克左右,也可随水冲施硫酸铜2～3千克。

6. 科学合理地施用化肥和土壤结构改良剂　根据土壤养分分析及肥料试验结果,确定最适宜的施肥量和最协调的肥料养分配比。改变施肥方式,深施基肥,限量追肥。用化肥作基肥时,将化肥与有机肥混合撒入地面,而后进行深翻。追肥一般较难深施,应严格控制每次施肥量,宁可增加追肥次数,也不可一次性施用过多。合理使用化肥,亦可降低土壤中的硝酸盐浓度。追肥时应采用滴灌施肥技术,同时大力推广根外施肥。保护地内施用较好的肥料有腐殖酸类肥料,此类肥料能活化土壤,使土壤疏松,可源源不断地供给作物生长所需的各种营养元素，而且肥效期长，并含有刺激作物的生长素，可促进作物生长发育，提高抗逆性，作基肥、追肥施用均可。另外，可根外追施土壤磷素活化剂、EM 原露等，均属生物制剂，能提高肥料利用率，降低肥料投入，提高菜豆的抗重茬、抗病虫害能力，增强植株代谢功能，可在一定程度上缓解连作障碍，减轻土壤酸化和盐渍化。

7. 合理灌溉 日光温室菜豆应尽量采用沟灌或滴灌，防止大水漫灌。沟灌能够保持土壤表层干爽，使耕作层水气协调。滴灌更能保持耕作层土壤湿润，维护土壤团粒结构，减弱水分向上运动。而大水漫灌会破坏土壤良好结构，土壤理化性质变劣，导致菜豆作物根系因呼吸作用受阻而生长缓慢。采用滴灌或微喷灌技术，改变传统灌溉技术，保护地不宜小水勤施，应浇足灌透，将表土聚集的盐分下淋和降低土壤溶液浓度。可采用滴灌、微喷灌等节水灌溉措施，以降低温室内的湿度，减轻菜豆病害发生，有效地防止土壤板结，并以水调肥，可较好地防止土壤盐害加剧和酸化。

8. 加深土壤耕作层 由于日光温室等保护地土壤的盐类积聚在土壤表层，所以在蔬菜收获后，要深翻土壤，把富含盐分的表土翻到下层，把相对含盐较少的下层土壤翻到上面，这样可大大减轻盐害。

以上改良盐渍化土壤的措施，要因地制宜地采用，可根据实际情况分别实施，也可综合运用。

三、土壤酸化

(一)表　现

土壤酸化主要表现在以下 4 个方面：①滋生真菌，根际病害加重，且控制困难，尤其是菜豆青枯病、黄萎病增多。②土壤结构被破坏,土壤板结,物理性变差,蔬菜抗逆能力下降,抵御旱涝自然灾害的能力减弱。③在酸性条件下,铝、锰的溶解度增大,有效性提高,对菜豆产生毒害作用。④土壤中的氢离子增多,对菜豆吸收其他阳离子产生拮抗作用。

(二)原因分析

土壤酸化的原因主要有以下 4 点:①日光温室菜豆的高产量,从土壤中带走了过多的碱基元素,如钙、镁、钾等,导致土壤中的钾和中微量元素消耗过度,使土壤向酸化方向发展。②大量生理酸性肥料如硝酸铵、硫酸铵的施用,日光温室温、湿度高,雨水淋溶作用少;随着栽培年限的增加,耕层土壤酸根积累严重,导致土壤的酸化。③由于日光温室复种指数高,肥料用量大,导致土壤有机质含量下降,缓冲能力降低,土壤酸化问题加重。④高浓度氮、磷、钾复合肥的投入比例过大,而钙、镁等中微量元素投入相对不足,造成土壤养分失调,使土壤胶粒中的钙、镁等碱基元素很容易被氢离子置换。

(三)改良措施

1. 增施有机肥　增施有机肥,不仅可增加日光温室土壤有机质含量,提高土壤对酸化的缓冲能力,使土壤 pH 值升高,而且日光温室中有机物料分解利用率高,增加了土壤有效养分,改善了土壤结构,并能促进土壤有益微生物的发展,抑制菜豆病害的发生。

2. 平衡施用化肥　根据土壤养分含量状况、菜豆产量水平及需肥规律,合理施用氮、磷、钾及微量元素肥料,既可协调土壤养分平衡,又可减缓土壤盐渍化和酸性化。减少硫酸铵、氯化铵、氯化钾等生理酸性肥料的施用。

3. 施入生石灰　生石灰可中和土壤酸性,提高土壤 pH 值,直接改变土壤的酸化状况,并且能为菜豆补充大量的钙。

施用方法：将生石灰粉碎，使之大部分通过100目筛，在整地前将生石灰和有机肥分别撒施，而后通过耕耙使生石灰和有机肥与土壤尽可能混匀。

施用量：土壤pH值为5～5.4的，施生石灰130千克（每667平方米用量，以调节15厘米酸性耕层土壤计，下同）；pH值为5.5～5.9的，施生石灰65千克；pH值为6～6.4的，施生石灰30千克。

四、土壤养分元素失调

（一）表　现

土壤营养元素比例失调，肥料利用率偏低，整体肥力水平低。

（二）原因分析

1. 施肥量大，结构不合理　不少菜农受“施肥越多产量越高”的观念影响，为了获取较高产量和经济利益，化肥投入过大，造成部分日光温室特别是高龄日光温室土壤氮、磷、钾有一定的盈余积累。氮、磷、钾施用比例不协调，由于受习惯及传统的影响，有的菜农偏施尿素、碳酸氢铵等氮肥，有的菜农偏施磷酸二铵等含磷量极高的复合肥，造成磷含量偏高，钾及其他元素相对不足，成为影响日光温室菜豆高产的障碍因素。同时，由于过量的不平衡施肥，造成土壤盐分积累和硝酸盐污染。硝酸盐的积累与总盐的积累有相同的趋势，土壤中硝酸盐的积累会导致菜豆中硝酸盐含量超标。硝酸盐在人体内易转变成致癌物，危害人们的健康。不少菜农偏施氮、磷、钾肥而对微肥重视不够，使用少或不施，养分不平衡性加剧，引起菜豆生理病害增多。

2. 忽视粗有机肥的施用　有的菜农只注重施用禽粪、菜饼、人粪尿等精有机肥，由于这些速效性有机肥浓度高，分解快，能在土壤中及时转化为无机养分，在化肥用量本身较高的情况下，更加剧了肥料过量，导致酸化、盐化。而粗有机肥肥料如猪、羊栏肥和稻草秸秆用量少或不用，不利于改良土壤和补充营养元素。

(三)改良措施

1. 增加有机肥料施用量，加快培肥地力 有机肥料、作物秸秆是土壤有机质的主要来源，同时富含多种作物生长所需的营养元素。施用有机肥料、实行秸秆还田能改善土壤的理化性状，促进作物对化学肥料的吸收，提高化肥利用率，改善农产品品质。更主要的是增加了土壤有机质含量，提高了土壤保肥、供肥能力，可为稳产高产奠定基础。日光温室土壤应以施优质有机肥料为重点。

2. 大力推广配方施肥 开展作物配方施肥，改变传统、盲目的施肥为定量、科学的施肥，充分提高肥料的利用率和作物产量，以改善产品品质，提高经济、生态和社会效益。配方施肥就是按照栽培目标，科学地设计并实施最佳施肥方案，实现以最少的投入取得最佳经济效益，其核心是根据土壤养分化验及肥料试验结果，确定最适宜的施肥量和最协调的肥料养分、种类配比。菜豆以目标产量10 000千克/667米^{2}计，最佳用量为菜豆需吸收氮(N)30千克、磷(P_2O_5)23千克、钾(K_2O)40千克/667米^2，其比例为1∶0.8∶1.3，折合尿素(N 46%)65.2千克，过磷酸钙(P_2O_5 12%)164.3千克，硫酸钾(K_2O 50%)80千克。用1/3作基施，用2/3分多次追肥。

3. 推广施用生物肥料 增施生物肥料，可促进菜豆吸收利用土壤中的营养元素，有助于提高土壤中营养元素肥效，减少化肥使用量。据化验结果，部分日光温室土壤氮、磷、钾含量较高，土壤表层盐分积累严重，作物生理缺素增多，其原因在于施肥不合理。部分菜农寄望于高肥量投入，比正常用量多几倍乃至几十倍化肥的投入,致使产生肥害和土壤障碍。要合理增施生物肥料,如根瘤菌肥、固氮菌肥、解磷菌类肥、解钾菌类肥或几种菌类的复合肥。由于这类肥料养分全,肥效平稳,对于菜豆实现高产优质,活化土壤中的氮、钾、磷及镁、铁、硅等元素,提高磷、钾及某些土壤中的微量元素的有效性及其供应水平,减轻土壤障碍因子有独特作用,也是生产绿色食品菜豆的理想配套肥料。

五、土传病害

(一)表　现

多年种植菜豆的日光温室,土壤中病原菌数量远高于一般大田,菜豆根系极易受到病原菌侵染而发生病害,如枯萎病、根腐病等。

(二)原因分析

日光温室复种指数高,是造成土传病害增多的原因。具体表现在以下两个方面:一是日光温室菜豆连作较为普遍,使各种病原菌易在土壤表层大量积聚,特别在日光温室小气候环境下迅速生长繁殖,病原菌的数量急剧增多;二是冬季日光温室保温设施客观上为病原菌安全越冬提供了良好的条件。

(三)改良措施

1. 实行轮作　轮作是防治土传病害经济有效的措施,合理进行作物间的轮作,特别是水旱轮作(例如,于6～7月份在日光温室休闲期种一茬水稻),对预防土传病害的发生可收到事半功倍的效果。

2. 选用良种　选用抗病的菜豆品种,可大大减轻土传病害的危害。

3. 改进栽培方法　通过改进栽培方法，可达到防止土传病害的目的。栽培防病有如下几种方法：①深沟高畦栽培，小水勤浇，避免大水漫灌。②合理密植，改善作物通风透光条件，降低地面湿度。③清洁温室，拔除病株，并在病穴内撒施石灰。④避免偏施氮肥，适当增施磷、钾肥，以提高作物抗病性；在作物生长中后期结合施药，喷施叶面肥 2～3 次。

4. 土壤消毒　①石灰消毒。在翻耕前每 667 平方米撒施石灰 50～100 千克再翻耕。石灰既可杀菌，又可中和土壤的酸度。②大水浸泡。有条件的地方可利用作物休闲季节，将水堵起来浸泡土壤。浸泡时间越长，杀菌的效果越明显。如果浸泡 20 天以上，可基本控制线虫危害。③高温消毒。日光温室在高温季节将土壤翻耕后盖上地膜，再盖上棚膜，地面温度可达到 50℃以上，能杀死土壤中的部分病菌。④药剂消毒。防治真菌性病害可选用 30％噁霉灵 500～800 倍液，30％瑞苗清（噁霉灵加甲霜灵）1 000 倍液、5％井冈霉素水剂 500～800 倍液淋施土壤，还可用 30％噁霉灵 500～1 000 倍液淋施土壤或按每 667 平方米用药 3～5 千克拌适量的细土均匀撒施。防治细菌性病害可选用 88％水合霉素（由放线菌经发酵培养制成的抗生素类杀菌剂）1 000 倍液、72％农用链霉素 3 000～5 000 倍液或适量络氨铜淋施土壤。采用药剂进行土壤消毒应在播种前进行。

5. 增施有机肥　坚持有机肥、无机肥相结合的施肥体系，增施有机肥，最好施用纤维素多（即碳、氮比高）的有机肥，对增加土壤有机质，改善土壤理化性质，增加土壤团粒结构和孔隙度，丰富作物营养元素特别是微量元素，增加土壤有益微生物的数量和活性，抑制有害微生物的繁衍生长，使土壤水、肥、气、热诸肥力要素的和谐协调具有重要作用。同时，还能提高土壤的吸附能力和阳离子交换量，增强土壤保水保肥能力，从而缓解土壤次生盐渍化的发生，有利于提高作物的抗逆能力，增加作物的产量，改善品质。

六、利用石灰氮进行土壤综合改良

连作3年以上的日光温室，普遍发生根结线虫和死棵的问题，有的甚至造成毁灭性的损失。因此，如何杀灭根结线虫，解决好菜豆死棵问题，已成为生产上必须认真对待的事情。目前，防治效果既好，又能适应无公害生产要求的日光温室土壤消毒方法首选是石灰氮（氰氨化钙）消毒法，消毒之后配合施用有机肥和生物肥，可起到事半功倍的效果。

（一）石灰氮消毒方法

1. 时间选择 选在作物已收获、温室已经过清洁后进行，一般在7～9月份，此时期距离下茬作物种植还有2～3个月，正是夏、秋季节温度高、光照好的有利时机。

2. 撒施有机物 每667平方米施用稻草、麦秸或玉米秸秆（最好切为4～6厘米的小段，以利于耕翻整地）等有机物1 000～2 000千克和石灰氮颗粒剂80千克均匀混合后撒施于土层表面。

3. 深翻混匀 用人工或旋耕机将撒施于土层表面的有机物和石灰氮均匀深翻入土中，以深翻30厘米以上为好，应尽量增大石灰氮与土壤的接触面积。

4. 起垄做畦 垄高以25厘米、宽以30厘米为宜，整平后做成宽1.8米的畦（一间温室做2畦），也可以按定植行距起垄。

5. 密封地面 用透明薄膜将土地表面完全覆盖封严（立柱根用土或砖块压严）。

6. 膜下灌水 从薄膜下灌水，直至畦面灌足湿透土层为止。

7. 密封日光温室 修理好日光温室薄膜破损处，将日光温室完全封闭。利用日光加温，使20～30厘米土层温度达50℃左右，地表温度达 70℃以上，持续 15～20 天，即可有效杀灭土壤中的真菌、细菌、根结线虫等有害微生物。

8. 揭膜晾晒 消毒完成后翻耕畦面，3 天后方可播种定植菜豆（定植前可移栽少量秧苗试验）。

（二）注意事项

消毒要做到“三严、三足、一不得”。“三严”：一是石灰氮要撒严，必须全棚地面全部撒严，不留死角；二是地面封严防漏气，以利于提高处理效果；三是棚膜封严，尽量提高棚温和土壤温度。“三足”：一是灌水要足；二是封棚时间要足；三是揭膜晾晒时间要足，晾晒不足会影响秧苗生长。“一不得”：操作人员在作业前后 24 小时内不得饮用任何含酒精的饮料，以防止气体中毒。

石灰氮消毒后，最终完全降解为尿素、氢氧化钙等物质，不会产生任何污染，有利于无公害菜豆的栽培。

（三）配合有机肥、生物肥的施用

采用石灰氮结合高温闷棚进行日光温室土壤消毒，在杀灭线虫的同时，既可对生存在土壤中的有害土传病菌如立枯丝核菌、疫霉菌、腐霉菌、青枯菌、枯萎菌等进行有效的杀灭，同时也把土壤中有益的微生物如解磷、解钾的硅酸盐菌、放线菌等杀灭。未经腐熟的畜禽粪肥、人粪尿和作物秸秆有机物都含有有害病原菌，因此所有有机肥应在日光温室土壤消毒之前施用到日光温室中，与土壤同时进行消毒。消毒后，尽量不再基施未经腐熟的有机肥，以防重新传入有害微生物，造成前功尽弃。

经石灰氮消毒后，土壤中的有益微生物菌已被杀灭，应尽快培育有益微生物菌群，才能满足菜豆生长发育的需要。培育有益微生物菌群的两项措施是：①定植前，顺栽培行沟施 EM 菌肥或 CM 菌肥或酵素菌肥（施用正规厂家生产的）100～150 千克，施后小水顺沟浇灌或隔行浇水1次。②定植前,每667平方米随水冲施微生物菌原液2千克;定植后冲施微生物菌原液2～3次,每隔10天施1次,每次每667平方米施2千克左右。也可以两种方法结合施用。在施用微生物菌肥以后,不能再使用杀菌剂进行土壤消毒或灌根,如植株无病害症状时应不喷或少喷施化学杀菌剂。

七、利用生物反应堆技术改良土壤

秸秆生物反应堆技术又称二氧化碳缓释富氧秸秆发酵技术,是一项能够有效解决设施蔬菜土壤连作障碍、提高蔬菜产量、改善蔬菜品质的创新栽培技术。在日光温室中应用秸秆反应堆技术,改变了过去"头痛医头,脚痛医脚"的病虫害防治理念,采用中医的"正本修元"方法,调节土壤中微生物的平衡,起到了改良土壤的效果。

(一)生物反应堆技术的原理

土壤中存在着大量的微生物包括真菌、细菌、病残害、病毒和原生生物等,这些微生物的生物总量每667平方米耕层土壤达到了100～1000千克。这些微生物绝大多数是有益的,如有机物的分解需要微生物,化肥的分解和转化也需要微生物,岩石、矿物或风化土壤中各种矿质养分的分解与释放也需要微生物。豆科作物的根瘤菌,一些原生生物的活动及分泌物等都会对作物的生长起到良好的促进作用。土壤中有害的微生物如枯萎病病原物、根结线虫等只占极少数。这些微生物在土壤中既互相依存,又相互制约,有的还是共生或互生关系。如放线菌感染线虫后,可使线虫在48小时出现死亡;土壤中放线菌若基数增加就可破坏线虫的生存环境,从而抑制线虫的发生。一些有益的霉菌产生的大量菌丝体或分泌物可抑制有些霉菌的发生和蔓延。正是由于土壤中各种微生物之间的互补与制约作用，才维持了土壤中微生物数量和比例的平衡，从而为作物的根系及生长提供了良好的生态环境。

日光温室属半永久性生产设施，由于连年种植，温室内土壤微生物的平衡又遭到严重破坏。秸秆反应堆技术可将人工培育的酵素菌通过秸秆这一载体进行繁殖，然后施入土壤，相当于用“养猫”的方式控制“鼠患”，从而调节温室内土壤的微生物平衡。

(二)秸秆反应堆的使用方法

1. 操作时间　在定植前 10～15 天将秸秆反应堆建造完毕。

2. 秸秆用量　所有植物秸秆均可使用，其数量为每 667 平方米日光温室 4 000～5 000 千克。要选用干秸秆。

3. 菌种用量　每 667 平方米用菌种 8～10 千克。

4. 基肥和追肥用量　化肥第一年减少 50%，第二年减少 70%，第三年减少 90%；基肥不用化肥、鸡粪，可用 150～200 千克饼肥。

5. 反应堆的制作方法　定植前在小行(种植行)下开沟，沟宽大于小行 10 厘米，一般为 70～80 厘米，沟深 20 厘米，沟长与小行长度相等，起土分放两边，接着填加秸秆，铺匀踏实，厚度为 30 厘米，沟两头各露出 8 厘米秸秆茬，以便于氧气的进入。填完秸秆后撒饼肥，再将每沟所需菌种均匀撒在秸秆上，用铁锹轻拍一遍后，把起土回填于秸秆上，浇水湿透秸秆。经 3～4 天后，将处理好的菌种撒在垄上，并与 10 厘米厚的表土掺匀，找平垄，接着开沟栽入菜豆苗，覆土，浇小水。第二天打孔，10 天后盖膜、打孔。

(三)注意事项

制作生物反应堆要注意以下事项：①秸秆用量要和菌种用量搭配好，每 500 千克秸秆用 1 千克菌种。②浇水时不要冲施化学农药，尤其要禁止冲施杀菌剂。③浇水后 4 天要及时打孔，用 14

号的钢筋每隔25厘米打1个孔，要打到秸秆底部，浇水后孔被堵死的要重新打孔。苗定植10天缓苗后再盖地膜，需在膜上重新打孔。④减少浇水次数。一般常规栽培需浇2～3次水，使用该项技术只浇1次水即可，切忌浇水过多。浇水后可用百菌清烟雾熏蒸剂熏蒸1次。该不该浇水可用土法判断：在表层土下抓一把土，用手一攥如果不能攥成团的应马上浇水，能攥成团的千万不要浇水。而且，在第一次浇水湿透秸秆的情况下，定植时千万不要再浇大水，只浇缓苗水。浇水可以浇大管理行。⑤前2个月不要冲施化肥，以避免降低菌种活性，后期可适当追施少量有机肥和复合肥（每次每667平方米冲施浸泡10多天的豆饼15千克左右，复合肥15千克）。⑥用好菌种消除土传病害，减少病害消耗。浇水后4～5天，结合整地施入菌种，整平、耙细反应堆10厘米土层，以待定植。

八、老龄温室换土

由于不少老龄温室根结线虫病和土传病害日渐严重，使用多种方法灭杀均无明显效果。近年来，部分菜农下大力气在老龄温室内换土，一般是把老龄温室30厘米以上的表层土挖出，换上肥沃且无土传病害的田园土。这是一项费时费工的劳作，因此一定要做到科学合理，以免费工费力却达不到理想的效果。温室换土要达到以下4个要求。

（一）换土要注意选择合适的土质

在一般情况下，应选用肥沃无污染的田园土。需要注意的是，如果老龄温室土壤是黏土，应换上沙质土壤；如果是沙土地，应换上黏性土壤。这样一掺和，更有利于蔬菜生长；如果土壤偏酸，可用偏碱的土壤中和一下；如果偏碱，就用偏酸土壤进行改良。

(二)换土后要注意增施有机肥

对于换上的新土,即使是取自肥沃的园地,有机质含量也大都达不到1%,因此,换土后应及时增施有机肥。第一次施用有机肥应多一些,每667平方米可施入鸡粪18～20立方米,稻壳粪35～40立方米。如果施用秸秆肥,则效果更好。

(三)换土后要注意土壤消毒

换土后,为避免新土带菌以及老龄温室底层土壤中的线虫侵入新土中为害,一定要进行土壤消毒。每667平方米棚地用92%的1,3-二氯丙烯10～15升熏闷,彻底消毒灭菌。另外,温室墙体、竹竿和工具也应消一遍毒,可用50%多菌灵1 000倍液全棚喷洒。

(四)换土后要注意补"菌"

老龄温室换土后,及时补菌很重要,尤其是对于一些新换上的生土(表土层以下的土壤),生物菌含量很低,应及时给予补充。可在土壤用1,3-二氯丙烯熏闷后,配合基施有机肥施入含芽孢杆菌、放线菌的生物肥150～200千克,这样不仅改土效果好,还有抑制土传病害的作用。

第六章　日光温室菜豆肥水管理技术

一、日光温室菜豆科学施肥技术

施肥是满足菜豆生长发育所需营养元素的重要技术措施。主要包括基肥、追肥和叶面喷肥3种方式。

(一)基　肥

基施是指菜豆定植前结合土壤耕作施用肥料的过程。其作用是为了创造菜豆生长发育所要求的良好土壤条件,为整个生育期供应养分奠定基础。基肥的肥效高,肥料施得深,对培肥土壤的作用较大,也较持久。

1. 施用方法

(1)撒施　将肥料均匀地铺撒在畦面,结合整地翻入土中,并使肥料与土壤充分混均。

撒施的优点是简单易行,将肥料均匀地撒在地面上,结合整地翻入土中,使肥料与土壤混合,撒布面广,菜豆根群扩展时随处都可以吸收到养料。其缺点是肥料施用量大。

(2)沟施　栽培畦(垄)下开沟,将肥料均匀撒入沟内,施肥集中,有利于提高肥效。

沟施的优点是施下的肥料比较集中,节省肥料,有利于前期的吸收利用。其缺点是很难满足菜豆后期根系不断生长扩展的需要。

(3)穴施　先按株行距开好定植穴,在穴内施入适量的肥料,既节约肥料,又能提高肥效。

穴施的优点是肥料集中，肥料利用率高。其缺点是比较费工。

2. 适宜作基肥的肥料种类

(1)有机肥

①农家肥　系指含有大量生物物质、动植物残体、排泄物等物质的肥料。它们不应对环境和作物产生不良影响。农家肥在制备过程中，必须经无害化处理，以杀灭各种寄生虫卵、病原菌和杂草种子，去除有机酸和有害气体，才能达到卫生标准。主要农家肥料有堆肥、沤肥、厩肥、沼气肥、灰肥、绿肥、作物秸秆和饼肥等。其中堆肥、沤肥、厩肥、沼气肥、绿肥、作物秸秆适于撒施或条施。灰肥和饼肥适宜穴施。

②商品有机肥　系指由肥料生产厂家按规范的工艺操作生产的商品有机肥。其产品必须是证件(检验登记证、生产许可证、质量标准)齐全，并经有关部门质量鉴定合格。主要包括精制有机肥、微生物肥料、腐殖酸肥料、有机液肥等。可采用撒施、条施或穴施等方法。

③其他有机肥　系指用不含合成添加剂的食品、纺织工业的有机副产品、不含防腐剂的鱼渣、牛羊毛废料、骨粉、氨基酸残渣、家畜加工废料、糖厂废料等有机物料制成的有机肥料。可采用撒施、条施或穴施等方法。

有机肥施用充足好处很多。一是培肥地力。可增加土壤有机氮的含量。寿光菜农10年来重视有机肥的足量施用，使土壤有机质含量从1%提高至1.54%，土壤肥力有很大提高。二是养分全面，可满足菜豆整个生长过程的需肥要求。三是改善土壤结构。施足有机肥有助于形成土壤团粒结构，土壤通透性良好，缓冲性能好，适应了菜豆耐肥水的特点，可为菜豆高产打下基础。

有机肥在使用过程中须注意2点：一是要充分腐熟。使有机肥腐熟的方法很多，常用的如在日光温室休闲期鸡粪等有机肥的腐熟可以结合高温闷棚进行。在气温较低的情况下，可以用含生物菌的腐熟剂如肥力高等均匀地喷洒到有机肥上，促使其发酵腐熟。二是避免施用含碱有机肥。使用含碱性高的有机肥，易导致菜豆黄化、卷叶等，而且导致土壤返碱严重。可在有机肥使用前，取一点水溶化，然后用 pH 试纸测定一下溶液的酸碱度，若含碱量较高，可将有机肥提前施入温室内，而后用大水漫灌进行水洗，也可用硫酸进行中和。

(2)化学肥料

①氮肥　常用的氮肥有硫酸铵、碳酸氢铵和尿素。可采用撒施、条施或穴施等方法。硝态氮化肥施入土壤不易被土壤吸附，易灌溉淋失，故不宜大量作基肥。

②磷肥　生产上多用水溶性磷肥，主要有过磷酸钙、重过磷酸钙、磷酸铵。最好与一定比例的有机肥混合后进行条施或穴施。

③钾肥　常用的有硫酸钾和草木灰。最好与一定比例的有机肥混合后条施或穴施。

④微量元素肥料　种类很多，常用的有硼肥、钼肥、锌肥、锰肥、铁肥和铜肥。最好与一定比例的有机肥混合后进行条施或穴施。

⑤专用复混肥料　目前普遍使用的专用肥多为复混肥，一次施肥就可同时满足菜豆对氮、磷、钾甚至中量、微量元素的需要。可采用撒施、条施或穴施等方法。

(3)生物肥料　包括根瘤菌肥、固氮菌肥、解磷菌类肥、解钾菌类肥、芽孢杆菌类肥或几种菌类的复合肥等。增施生物肥料，促进菜豆吸收利用土壤中的营养元素，减少化肥的使用量，同时可活化土壤中的氮、磷、钾及镁、铁、硅等元素，对菜豆高产优质，减轻土壤障碍因子有独特作用。生物肥是一种活性菌，必须埋施于土壤之中，不得撒施于土壤表面，一般施深 7～10 厘米。由于生物菌不对作物产生烧苗、烧种现象，所以应使生物肥和植物根系最大限度地接触，才能有效地供给植物充分营养，因此生物肥应均匀地施入根系范围内。

3. 施用量 基肥施用数量要根据土壤肥力的高低来确定。当土壤中速效氮、磷、钾和微量元素低于菜豆生长需肥临界值时，就要首先选择化学肥料用于补充土壤肥力不足。有机质低于1.2%的土壤，每667平方米必须施用3立方米以上的有机肥料，才能满足作物生长需要。化肥具体施肥量则需根据目标产量、当地施肥水平和土壤肥力情况相应调整。在一般情况下每667平方米施尿素20～30千克、过磷酸钙50～80千克、硫酸钾20～40千克。

生产上如果以商品有机肥代替鸡粪作基肥使用，一般每667平方米用量为300～1 000千克，土壤状况较差的可适当增加用量。

3年以上的日光温室可适当增施生物有机肥，一般每667平方米用量为100～300千克，5年以上的老龄日光温室应适当减少化肥用量，增加生物有机肥用量。

微量元素对菜豆的生长发育起着大量元素(如氮、磷、钾等)无法替代的作用，一旦某种微量元素缺乏，菜豆就会表现出相应的缺素症状，但许多微量元素从缺乏到过量之间的临界范围很窄，如果施用微肥的量过大或不均匀，往往会对菜豆产生毒害作用。以下是常用微肥作基肥在日光温室菜豆上的安全用量：

铁肥(硫酸亚铁)：每667平方米土壤施用量1～3.75千克，1～2年施1次。

硼肥(硼砂或硼酸)：每667平方米土壤施用量0.75～1.25千克，2～3年施1次。

锰肥(硫酸锰或氯化锰)：每667平方米土壤施用量1～2.25千克，2～3年施1次。

铜肥(硫酸铜)：每667平方米土壤施用量1.5～2千克，1～2年施1次。

锌肥(硫酸锌):每 667 平方米土壤施用量 0.25～2.5 千克,1～2 年施 1 次。

钼肥(钼酸铵):每 667 平方米土壤施用量 100～200 克,3～4 年施 1 次。

(二)追　肥

追肥是指在菜豆生长过程中加施肥料的过程。其作用主要是为了供应菜豆某个时期对养分的大量需要,以补充基肥的不足。追肥量一般约占菜豆作物全生育期总施肥量的 1/3 甚至更多。常用的追肥方法有以下 3 种。

1. 埋施　埋施就是在菜豆株间、行间开沟挖坑后施入肥料,再覆盖土壤的一种追肥方式。

(1)*埋施的优缺点*　优点是肥料浪费少,最经济,其缺点是劳动量大,费工,且操作不太方便。

(2)*埋施的肥料种类*　硫酸铵、尿素、过磷酸钙、硫酸钾、复合肥以及充分腐熟的有机肥和生物菌肥均可作埋施。

(3)*施用方法*　埋肥的沟、坑要离菜豆根、茎基部 10 厘米以上,若离根太近则易损伤根系。冬季施肥量每 667 平方米每次施 10 千克左右,春季每 667 平方米每次施 20 千克左右。埋施后一定要浇水,使埋施的肥料浓度降低。

2. 冲施　系指把固体的速效化肥溶于水中或将腐熟的鸡粪混入水中并以水带肥的施用方式。通过肥水结合,让可溶性的氮、钾养分渗入土壤中,供作物根系吸收,是目前最常用的一种追肥方式。

(1)*冲施的优缺点*　冲施的优点:一是施肥均匀,便于菜豆根系的吸收;二是肥料均匀分布于田间,不发生肥害;三是不开沟不挖穴,不伤根系;四是适宜于地膜覆盖栽培形式;五是用法简单,省工省时,劳动量不大。其缺点是:浪费的肥料较多,在渠道内容易渗漏流失，在田间菜豆根系达不到的深层，也会渗入部分肥料造成浪费，肥料利用率只有30%～40%，甚至更低。

(2)冲施的肥料种类　从肥料化学性状及内在营养成分上主要划分为3种：第一种是有机型，如氨基酸型、腐殖酸海洋生物型等；第二种是无机型，如磷酸二氢钾型、高钙高钾型等；第三种是微生物型，如光合细菌型、酵素菌型等。另外，市场上还有一种将有机、无机、生物等原材料进行科学加工、复配在一起而生产的新型冲施肥，属于复合型制剂。

只有水溶性的肥料方可随水施用，氮肥中常用的有尿素、硫酸铵和硝酸铵；钾肥中常用的有氯化钾和硫酸钾，也可用硝酸钾。而磷肥种类即使是水溶性的磷酸铵和磷酸二铵，也不要冲施，其原因是磷肥的移动性差，不能随水渗入根层，磷肥的施用只能埋入土中。

(3)冲施的追肥量　每次冲施的追肥量可参照菜豆生长需肥量来确定。追肥时(不计基肥养分的量)，一般每667平方米目标采收量为1 000千克的，施用纯氮(N)2千克，纯磷(P_2O_5)1.2千克，纯钾(K_2O)2.5千克，据不同追肥品种进行折算，如折合尿素4.4千克，过磷酸钙8.6千克，硫酸钾5千克，扣除基肥养分的供给量时，应根据菜豆生长期长短和不同采收量，适当扣除基肥供养分量。

(4)注意事项

①有机肥与无机肥相结合　不少农民不论冲施还是追施，均以化肥为主。虽然有些冲施肥含有腐殖酸，但无机肥多以硝酸铵、尿素等氮肥为主，短期内菜豆生长势好，但缺乏长期效应。也有些冲施肥以饼肥(麻籽饼、棉籽饼、豆饼)和磷酸二铵(或硝酸铵)为主，效果欠佳，其原因是饼肥发酵需一定的时间。应将有机肥与无机肥结合施用。

②大水与小水冲施相结合　不少农民无论苗期、结荚期均采

用大水冲施肥，使得肥水过大，引起苗病、烂根、沤根。无论生物肥、有机肥，还是化肥都要看苗用肥，用量要合理，并且施肥浇水后要及时中耕松土。

③生物肥与化肥相结合　生物肥料含有十几种有益菌，具有活化土壤、调节养分的功效，与无机肥（化肥）配合施用，能解除肥害，增加土壤有机质，促进根系发育。土传病害发生严重的日光温室，应选择使用具有防病功效的芽孢杆菌类生物肥。土壤中氮、磷、钾积累较多的老龄日光温室，应选择使用具有解磷解钾作用的酵素菌型生物肥。

④选择适宜的肥料品种　要根据种植区内的土壤供肥能力、基肥施用量以及所种植的需肥特点，确定适合的冲施肥品种。要仔细阅读所选购冲施肥的使用说明书，掌握适合的施肥时期、施用量和施用方法，不可凭以往的施肥经验而自作主张，以免造成不必要的损失。

3. 敞穴施肥　在日光温室菜豆生产上，施肥量过大是一个比较突出的问题。过量施肥不但增加了生产成本，还会造成土壤养分的积累、硝酸盐的淋洗、产品质量的变劣和土壤的盐化等环境问题。造成过量施肥的主要原因是在日光温室菜豆追肥中常采用冲施的方法，把肥料均匀地溶解在水内，在灌水量较大的情况下，肥料的浓度较低，供肥强度低，不利于菜豆根系的吸收。为避免这些弊端，可采用敞穴施肥法。

(1)敞穴施肥基本方法

在两穴菜豆中间的垄上挖一个敞穴，穴在灌水沟内侧，向沟内侧开豁口，豁口低于沟灌水位但高于沟底，使部分灌溉水流入穴内，以溶解和扩散肥料。覆盖地膜后，在穴上方将地膜撕开 1 个孔，在每次灌水前 1～2 天，将肥料施入穴内。一次制穴，可供整个菜豆生育期使用（图 6-1）。

(2)敞穴施肥的优缺点　其优点是：比常规穴施肥减少了每次

挖穴、覆土的工序，使集中施肥在日光温室菜豆覆盖地膜的情况下得以实现；克服了冲施肥供肥强度低，肥料利用率低的缺点。这样，在较易进行农事操作的条件下，实现了集中施肥，提高了供肥强度。其缺点是：追肥过于集中，一次施用量过多，容易引起烧根；受穴大小的限制，不能追施腐熟鸡粪等有机肥。

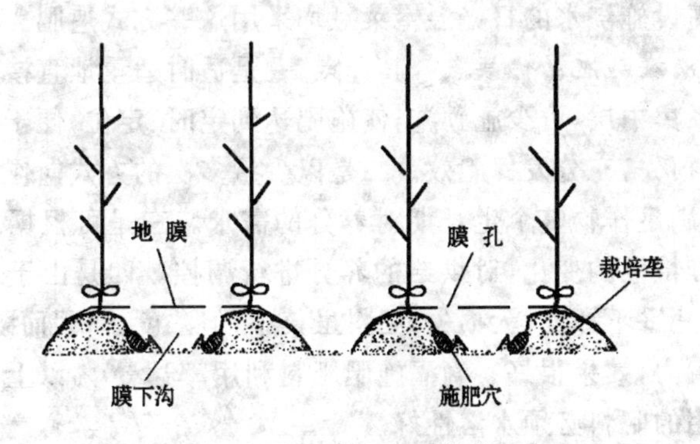

图 6-1　菜豆敞穴施肥技术图示

(3)敞穴施肥的肥料种类　除鸡粪、厩肥以外的各种肥料均适宜敞穴施肥。

(4)敞穴施肥的操作方法　翻耕、起垄、移栽菜豆等农事操作按照常规。在菜豆缓苗后，覆盖地膜前，在两株菜豆之间的垄上挖一个敞穴，敞穴靠近灌水沟内侧，且向灌水沟侧敞开，敞穴的穴底高出灌水沟的沟底约 5 厘米；地面覆盖地膜后，在敞穴上方将地膜撕开一个孔洞，孔洞大小以方便向穴内施肥为度。在浇水前 1～2 天施入化肥，化肥用普通的复合肥，以含硝态氮和硫的复合肥为好，冬季施肥量每 667 平方米每次施 12.5 千克左右，春季每 667 平方米每次施 30 千克左右。浇水次数和浇水量根据菜农习惯。

4. 滴灌施肥　系指将施肥与滴灌结合起来的一种新的农业技术。滴灌是滴水灌溉的简称，它利用一整套系统设备，首先将灌溉水加低压(或利用地形落差自压)、过滤,然后通过管道输送到滴头,使灌溉水呈水滴状均匀而缓慢地滴入作物根区附近的土壤表面或土壤内,适时、适量地向作物根区供应水分,以经常保持适宜于作物生长的最优水分状态,而作物株、行间根区以外的土壤仍然保持较干燥的状态。滴灌可将可溶性肥料随水施到作物根区。凡采用滴灌设施浇水的日光温室菜豆均采用这一方式追肥。

(1)*滴灌施肥的优缺点* 其优点,一是适时适量地直接把肥料施于根系集中层,可少施勤施,使施肥达到定时、定位,便于作物吸收,减少损失,充分发挥肥效。二是以少量多次的方式向作物提供养分,可满足作物整个生长期对养分的需求。三是可根据作物生长期营养特性的变化,对供给的养分进行调控。四是由于地膜覆盖,肥料几乎不挥发、无损失,肥料虽集中,但浓度小,因而既安全,又省工省力,效果很好。滴灌施肥肥料利用率达80%以上。其缺点是选用的肥料必须水溶性好。

(2)*滴灌施肥对肥料的要求* ①为防止滴头堵塞,要选用溶解性好的肥料,如尿素、磷酸二氢钾等。施用复合肥时,尽量选择完全速溶性的专用肥料。确需施用不能完全溶解的肥料时,必须先将肥料在盆或桶等容器内溶解,待其沉淀后,将上部溶液倒入施肥罐进入滴灌系统,将剩余残渣施入土中。②一般将有机肥和磷肥作基肥使用。因为有的磷肥如过磷酸钙只是部分溶解,残渣易堵塞喷头。③要选择对灌溉系统腐蚀性小的肥料。如硫酸铵、硝酸铵对镀锌铁的腐蚀严重,而对不锈钢基本无腐蚀;磷酸对不锈钢有轻度的腐蚀;尿素对铝板、不锈钢、铜无腐蚀,对镀锌铁有轻度的腐蚀。④作追肥的肥料品种必须是可溶性肥料,要求纯度较高,杂质较少,溶于水后不会产生沉淀,否则不宜作追肥。一般氮肥和钾肥选用符合国家标准或行业标准的尿素、碳酸氢铵、硫酸钾、氯化钾等。补充磷素一般采用磷酸二氢钾等可溶性肥料作追肥。追补微量元素肥料,一般不能与磷素追肥同时使用,以免形成不溶性磷酸盐沉淀而堵塞滴头或喷头。

(3)膜下滴灌施肥的操作方法

①肥料品种的选择 实施滴灌施肥也要按作物对养分的需求选择合适的肥料种类。在菜豆生长中后期,既要使植株具有一定的营养生长势,又要确保荚果具有较好的品质,一般选用尿素、磷酸二氢钾等提供大量元素,选择水溶性好的多效硅肥、硼砂、硫酸锰、硫酸锌等提供中、微量元素。其中,微量元素也可直接用营养型叶面肥,如肥力宝等。具体选用什么肥料要根据基肥的情况和植株长势确定。

②配制肥料溶液 肥料溶液可根据施肥方法配制成高浓度和低浓度两种溶液。高浓度溶液就是将尿素、磷酸二氢钾等配制成5%～10%的水溶液,将中、微量元素配制成1%～2%的水溶液;低浓度溶液就是将尿素、磷酸二氢钾等配制成0.5%～1%的水溶液,将中、微量元素配制成0.1%～0.2%的水溶液直接施用。

③肥料用量及混用 每667平方米每次尿素施用量为3～4千克,每667平方米每次磷酸二氢钾施用量为1～2千克,这两种肥料也可混合施用。一般每一种中、微量元素肥料在一季作物中每667平方米的施用量不能超过1千克,每年都施用的田块不超过0.5千克。

④施肥方法 施用高浓度肥液可与灌水同时进行,即打开施肥器吸管开关,使肥液随水流进入软管,肥液的流量用开关控制。用低浓度肥液直接施肥时,将灌水阀门关闭,打开施肥器吸管的开关,把过滤器固定在肥液容器底部,接通肥液即可施肥。

⑤注意事项 配制的肥液不应含有固体沉淀物,以防止堵塞滴孔;高浓度肥液流量要控制好,流量不宜太大,防止浓度过高伤害作物根系。施肥结束要关闭吸管上的开关,打开阀门继续灌水几分钟,将管内残余肥料冲净。

(三)叶面喷肥

叶面喷肥是将配制好的肥料溶液直接喷洒在菜豆茎叶上的一种施肥方法。

1. 菜豆采用叶面追肥的好处 叶面追肥是菜豆常用的一种施肥方法,具有以下4个独特的优点:①可使菜豆通过叶部直接得到有效养分,如果采用根部追肥,某些养分常因易被土壤固定而降低植株对它们的利用率。②叶部养分吸收转化的速度比根部快。以尿素为例,根部追施4～5天才能见效,叶面喷施当天即可见效。③叶面追肥可以促进根部对养分的吸收,提高根部施肥的效果。④叶面喷施某些营养元素后,能调节酶的活性,促进叶绿素的形成,使光合作用增强,有利于改善果实品质和提高产量。总之,叶面追肥是一种成本低、见效快、方法简便、易于推广的施肥方法。但菜豆吸收矿物质营养主要靠根部,叶面追肥只能作为一种辅助手段,生产上仍应以根部施肥为主。采用叶面追肥时,必须在施足基肥并及时追肥的基础上进行,只有这样,才能取得理想的效果。

2. 适合作叶面追肥的肥料种类 适合作叶面追施的肥料通常称为叶肥、叶面肥或叶面营养液。根据其作用和功能等,可把叶面肥概括为以下四大类。

第一类:营养型叶面肥。此类叶面肥中氮、磷、钾及微量元素等养分含量较高,主要功能是为作物提供各种营养元素,改善作物的营养状况,尤其适宜作作物生长后期各种营养的补充。

第二类:调节型叶面肥。此类叶面肥中含有调节植物生长的物质,如生长素、激素类等成分,主要功能是调控作物的生长发育等。适于植物生长前期、中期使用。

第三类:生物型叶面肥。此类肥料中含微生物体及代谢物,如氨基酸、核苷酸、核酸类物质。其主要功能是刺激作物生长,促进作物代谢,减轻和防止病虫害的发生。

第四类:复合型叶面肥。此类叶面肥种类繁多,复合、混合形式多样。其功能有多种,一种叶面肥既可提供营养,又可刺激生长、调控发育。

3. 根据菜豆的需肥特点合理选用叶面肥　菜豆叶面追肥以氮、磷、钾混合液或多元复合肥为主,如0.2%～0.3%磷酸二氢钾溶液、0.5%尿素+2%过磷酸钙+0.3%硫酸钾溶液、0.05%稀土微肥溶液等,一般在生长期喷洒2～3次。喷施宝、叶面宝、光合微肥等在菜豆上应用,也有良好的作用。另外,菜豆结荚期喷洒1%葡萄糖或蔗糖溶液,可显著增加菜豆的含糖量;喷洒由0.2%尿素+0.2%磷酸二氢钾+1%蔗糖组成的"糖氮液",不仅能增加产量,而且能增强植株的抗病能力,可减轻疫病等病害的发生。

4. 菜豆叶面追肥应注意的问题

(1)喷洒浓度要合适　叶面追肥一定要控制好喷洒浓度,浓度过高很容易发生肥害,造成不必要的损失。特别是微量元素肥料,菜豆从缺乏到过量之间的临界范围很窄,更要严格控制,但如果浓度过低则收不到应有的效果。

(2)喷洒时间要适宜　影响叶面追肥效果的主要因素之一是肥液在叶面上的湿润时间,湿润时间越长,叶面吸收的养分越多,效果也就越好。因此,叶面追肥一定要根据天气状况,选择适宜的喷洒时间。日光温室菜豆栽培一般在晴天上午10时以前喷洒为最好。

(3)肥料混用要得当　叶面追肥时,将两种或两种以上的叶面肥合理混用,其增产效果会更加显著,并能节省喷洒时间和用工。但肥料混合后必须无不良反应或不降低肥效,否则达不到混用的目的。另外,肥料混合时还要注意溶液的浓度和酸碱度。一般情况下,溶液的pH值为6～7时有利于叶面吸收。

(4)喷洒质量要保证　叶面追肥要求雾滴细小,喷洒均匀,尤其要注意喷洒生长旺盛的上部叶片和叶片的背面。因为新叶比老叶、叶片背面比正面吸收养分的速度快,吸收能力强。

(5)叶面施肥的间隔时间要适宜　适宜的间隔时间为5～7天。其中无机化肥喷肥间隔时间一般不少于7天,有机肥的间隔时间一般为5天左右。

需要注意的是,菜豆生长发育所需的基本营养元素主要来自于基肥和采用其他方式追施的肥料,根外追肥只能作为一种辅助措施。

5. 叶面肥使用不当后的处理　叶面肥使用不当,造成伤叶时,要用清水冲洗叶面,冲洗掉多余肥料,并增加叶片的含水量,缓解叶片受害程度。土壤含水量不足时,要及时浇水,增加植株体内的含水量,降低茎叶中的肥液浓度。

二、日光温室菜豆二氧化碳施肥技术

(一)二氧化碳施肥对菜豆的影响

绿色植物在进行光合作用时,都要吸收二氧化碳放出氧气。二氧化碳是植物进行光合作用的重要原料之一,在一定范围内,植物的光合产物随二氧化碳浓度的增加而提高。二氧化碳气肥在保护地蔬菜生产中的作用尤其明显,可以大大提高光合作用效率,使之产生更多的碳水化合物。在保护地菜豆栽培中,二氧化碳亏缺是限制菜豆高产高效的重要因素之一。

大气中二氧化碳的含量一般为300毫升/米^3,这个浓度虽然能使菜豆正常生长,但不是进行光合作用的最佳浓度。菜豆在保护地栽培时,密度大且以密闭管理为主,通风量小,尽管温室内菜豆呼吸、有机肥发酵、土壤微生物活动等均能放出一部分二氧化碳,但只要菜豆进行短时间的光合作用后,温室内的二氧化碳含量就会急剧下降。用红外线气体分析仪测试得知,4月份保护地内二氧化碳浓度最高值是在早晨揭苫前，达1 380毫升/米^3，等到日出揭开草苫后，随着光照强度的增加和温度的升高，光合速率加快，温室内二氧化碳的浓度迅速下降，至11时温室内二氧化碳的浓度降至135毫升/米^3，由此可见温室内二氧化碳亏缺的程度。温室内二氧化碳浓度低于自然大气水平的持续时间一般是从上午9时至下午5时，从下午5时以后随着光照强度减弱和停止通风、盖苫，温室内二氧化碳浓度才逐渐回升到大气水平以上。当温室内温度达到30℃开始通风后，温室内的二氧化碳从外界得到补充，但远低于大气水平而不能满足菜豆正常生长发育的需要。大量测量结果表明，保护地内每天进行有效光合作用时，二氧化碳一直表现为亏缺状态，严重地影响了菜豆光合作用的正常进行，制约了菜豆产量的提高。

通过试验证明，合理施用二氧化碳气肥，可提高菜豆光合速率、增加植株体内糖分积累，从而在一定程度上提高了菜豆的抗病能力。增施二氧化碳还能使菜豆叶和荚果的光泽变好，外观品质得到提高，同时维生素C的含量大幅度提高，营养品质也得到改善，可使菜豆增产10%～15%，效益相当可观。

（二）日光温室内施用二氧化碳的时间

日光温室菜豆生长发育前期植株较小，吸收二氧化碳的数量相对较少，加之土壤中有机肥施用量大，分解产生的二氧化碳较多，一般可以不施二氧化碳。若过早施用二氧化碳，将使茎叶生长过快而影响开花坐荚，不利于丰产。进入坐荚期后，正值菜豆对营养需求量最大的时期，也是二氧化碳施用的关键期，应加大二氧化碳施用量，此期即使外界温度已较高，通风量亦随之加大，但每天也要进行短时间的二氧化碳施肥。一般每天施用约2小时的高浓度二氧化碳，就能明显地促进菜豆生长。结荚后期，植株的生长量减少，应停止施用，以降低生产费用。一天内，二氧化碳的具体施用时间应根据日光温室内二氧化碳的浓度变化以及植株的光合作用特点进行安排。一般晴天日出半个小时后，日光温室内的二氧化碳浓度下降就较明显，浓度低于光合作用的适宜范围，所以晴天揭苫后要开始施用二氧化碳，遇多云或轻度阴天可把施肥时间适当推迟半个小时。

(三)二氧化碳气体施肥方法

二氧化碳气肥使用方法比较简便，目前常用的方法主要有微生物法、液态二氧化碳释放法、硫酸与碳酸氢铵反应法、碳酸氢铵加热分解法、燃烧气肥棒二氧化碳释放法、固体二氧化碳气肥直接施用法等 6 种。

1. 微生物法 增施有机肥，在微生物的作用下缓慢释放二氧化碳作为补充。秸秆生物反应堆技术就是微生物法的一种应用形式。

2. 液态二氧化碳释放法 钢瓶二氧化碳气的供应可根据流量表和保护地体积准确控制用量。但由于钢瓶中二氧化碳温度很低(可达－78℃)，在向保护地中输入前必须使其升温，否则会造成温室内温度下降，不利于甚至危害菜豆的生长。因此，在使用钢瓶二氧化碳气时需通过加热器将气体加热到相对比较恒定的温度后再输出。输出时选用直径 1 厘米粗的塑料管，通入保护地中，因为二氧化碳的比重大于空气，所以必须把塑料管架离地面，最好挂在温室内较高的位置。每隔 2 米左右，在塑料管上扎 1 个小孔，把塑料管接到钢瓶出口，出口压力保持在 1～1.2 千克/厘米^2，每天根据需要放气 8～10 分钟即可。此法虽比较容易实现自动控制，但在气温高的季节还是不利于实施。

3. 硫酸与碳酸氢铵反应法 此方法是用二氧化碳发生器进行操作的，选用的原料是碳酸氢铵和硫酸，其塑料管架设方法同液态二氧化碳释放法。其原理是碳酸氢铵和硫酸反应放出二氧化碳，供给菜豆进行光合作用，生成的副产品硫酸铵可用作追肥，其反应式如下：

$$2NH_4HCO_3 + H_2SO_4 = (NH_4)_2SO_4 + 2CO_2\uparrow + 2H_2O$$

4. 碳酸氢铵加热分解法　用专用容器装入碳酸氢铵，通过加热使其分解出二氧化碳、氨气和水。

$$NH_4HCO_3 \rightarrow CO_2\uparrow + 2H_2O + NH_3\uparrow$$

加热后分解出的气体通过一个容器过滤，把氨气溶解到水中，只放出二氧化碳，然后通过架设的塑料管释放到保护地中供菜豆进行光合作用。

5. 燃烧气肥棒二氧化碳释放法　直接燃烧成品的气肥棒，即可产生二氧化碳供菜豆吸收利用，此法简便易行，安全性好、成本低、效果好，易于推广。

6. 固体二氧化碳气肥直接施用法　通常将固体二氧化碳气肥按每平方米 2 穴、每穴 10 克施入土壤表层，并与土壤均匀混合，保持土层疏松。施用时勿靠近菜豆的根部，施用后不要用大水漫灌，以免影响二氧化碳气体的释放。

（四）二氧化碳施肥应注意的问题

第一，施用二氧化碳气肥时，温室内温度要在 15℃以上，且要在盖苫后 1 小时开始施用，通风前 1 小时结束。

第二，施用适期一般在菜豆坐住荚后、二氧化碳相当亏缺时，并在晴天上午光照充足时施用，施用浓度掌握在 1 500～2 200 毫升/米^3。少云天气可少施或不施，阴雨雪天不要施用。

第三，采用硫酸碳铵反应法时，在使用反应所产生的副产品——硫酸铵前，应先用 pH 试纸测酸碱度，若 pH 值小于 6，则须再加入足量的碳酸氢铵中和多余的硫酸，使其完全反应后，方可对水作大田追肥用。在整个反应过程中处理好气体输出的水过滤工序，以减少与避免有害气体的释放。同时各项操作要小心，防止硫酸溅出或溢出。在稀释浓硫酸时，切记要把浓硫酸倒入水中，千万不能把水倒入浓硫酸中，因为水的比重比浓硫酸的比重小，如果先把水倒入浓硫酸中时，水容易溅出伤人。碳酸氢铵易挥发，不能将大袋碳酸氢铵放入温室内，防止菜豆遭受氨气的毒害，应将碳酸氢铵分装后再带入温室内使用。

第四，菜豆施用二氧化碳气肥后，其光合作用增强，要注意相应改善水肥供应并加强各项管理措施，以便达到高产稳产的目的。

三、日光温室菜豆浇水技术

（一）浇水原则

1. 掌握好浇水的水温 日光温室浇水宜用地下水直接浇灌，浇灌的水温最好不低于 10℃，切忌直接使用河流、水库和池塘中冰冷的水浇灌。冬季菜豆定植时宜用 15℃～20℃的温水。

2. 掌握好灌水量 日光温室菜豆水分严重不足时，会导致植株萎蔫和叶片焦枯；水分过多时因土壤缺氧易引起根系窒息而腐烂，地上部分茎叶易发黄甚至死亡。冬季日光温室灌水时温度低，通风量小，水分消耗少，须小水勤灌。浇水量须与作物耗水、土壤水分蒸发量以及作物根系所能耐受的程度相一致，既不能浇水过量也不能缺水。

3. 掌握好“干花湿荚”的原则 菜豆的水分管理应看天、看地、看苗，掌握好“干花湿荚”、前控后促的浇水原则。从菜豆出苗后至开花前以控水为主，如果土壤墒情好，临开花前仅需浇 1 次水供开花所需，而后一直到荚果形成初期再浇水。开花结荚期植株生长旺盛，需要大量的水分和养分，该期以促为主，应适当加大浇水量，使土壤水分稳定在田间最大持水量的 60%～70%，进入高温季节采取轻浇、勤浇、早晚浇水等方法，以满足植株生长发育的需要。

需要特别注意的是，灌水当天为尽快使地温恢复，一般要封闭日光温室以迅速提高室内温度。待地温提升后，及时通风排湿，使湿度降低到适宜的范围。

4. 根据气候特点浇水 冬季一般要选择在晴天浇水，浇后最好能有几个连续晴天。一天之中，冬天或早春浇水应放在上午，这样不仅水温、地温差距较小，地温容易恢复，而且还有充分的时间排湿，一般不宜在下午、傍晚尤其在阴雪天浇水，否则易造成温室内湿度过大，引起病害大发生。中午也不宜浇水，以免高温浇水影响根系生态功能。夏、秋季节应选在早晚浇水，因为该季节天气炎热，日光温室可昼夜通风，以便于降温。

5. 实行科学浇水 就日光温室菜豆而言，高温高湿或低温高湿都是造成病害发生和蔓延的一个重要原因。使用传统粗放的大水漫灌方式，既容易降温又增大湿度。如果改用膜下滴灌，即在地膜下铺设滴灌带，不仅地膜覆盖可以提高地温，改善近地光照，而且还可减少土壤水分蒸发，降低空气湿度，减少病害发生。冬季定植时宜用15℃左右的温水。平时水温则要求尽量与当地地温接近，一般使用井水灌溉最好。切忌使用河水或池塘中的冷水。要注意掌握浇水量，特别是冬季温室菜豆严重缺水时，浇水量切不可过大，否则土壤易缺氧而引起菜豆根系窒息而烂根，导致菜豆叶片发黄甚至死亡。

如果水温过低，必须想办法获取温水。获取温水有以下3个方法：①利用深层地下水。深层地下水的温度较地面水的温度高，适合用于冬季日光温室内浇灌，可利用水泵提取深层地下水进行浇灌。②在日光温室内预热水。在日光温室内建一贮水池，池面用透光性能好的塑料薄膜覆盖，利用日光温室内的光照以及日光温室内多余的热量提升水温，待池水温度升高后再浇水。③利用太阳能预热水。在日光温室顶部安装1～3部太阳能热水器，将加热后温度适宜的水贮存于日光温室内的水池内，浇水时从池内提水即可。

(二)主要浇水方式

1. 明水沟灌 沟灌是我国地面灌溉中普遍应用于中耕作物的一种较好的灌水方法。采用沟灌技术，首先要在作物行间开挖灌水沟，灌溉水由输水沟或毛渠进入灌水沟后，在流动的过程中，主要依靠土壤毛细管作用从沟底和沟壁向周围渗透而湿润土壤。同时，沟底的水也可借助重力作用浸润土壤。但是，在日光温室中采用沟灌，一次灌水量较大，地表长时间保持湿润，不仅棚温、地温降低太快，回升较慢，而且蒸发量加大，水蒸气不易散发，使温室内湿度较大，易导致菜豆病虫害发生。因此，日光温室菜豆一般不宜采用明水沟灌，但在夏、秋高温季节不覆盖地膜的条件下，有时可以采用沟灌法浇明水。

2. 膜下沟暗灌 系指日光温室内所种菜豆一律采取起垄栽培，在菜豆定植后接着用地膜将两垄覆盖，使两垄之间构成一个空间，控制在膜下进行灌水。这一技术称为日光温室膜下暗灌技术。实行膜下沟暗灌，一要注意浇水量适中；二要使小垄沟均匀受水，南北两头见水；三要及时封闭进水口，尽量避免水蒸气逸出(图 6-2)。

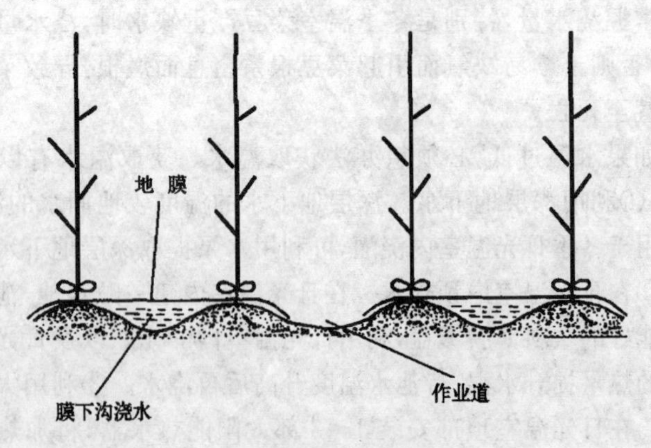

图 6-2 菜豆膜下沟暗灌

膜下沟暗灌的优点是：省水，易于管理。膜下沟暗灌技术比传统的畦灌节水 50%～60%，比明水沟灌节水 40%左右；不增加日光温室内的空气湿度，可减少菜豆发病的机会；空气湿度小可减少温室内起雾的机会，因而不影响光照，可迅速提高棚温；还可减少土壤水分汽化损失，从而减少浇水次数。

采用膜下沟暗灌技术，要求膜下的灌水沟处于水平状态，防止灌溉不均匀。

3. 膜下滴灌　膜下滴灌是将覆膜种植与滴灌相结合的一种灌水技术，也是地膜栽培抗旱技术的延伸与深化。它根据菜豆生长发育的需要，将水通过滴灌系统一滴一滴地向有限的土壤空间渗透，仅在菜豆根系范围内进行局部灌溉，也可根据需要将化肥和农药等随水滴入菜豆根系。这种新型的节水灌溉技术与地表灌溉、喷灌等技术相比，有着其无可比拟的优点，是目前最为节水、节能的灌水方式。

(1)膜下滴灌供水　日光温室滴水灌溉用水多数为井水，但用提井水的泵直接向温室内滴灌供水，存在着同时供水而多品种蔬菜不同时用水的矛盾。因此，日光温室滴灌供水一般可根据不同的情况选择以下 4 种供水方式。

①地下贮水池加微型水泵供水　在每座日光温室附近建 5～7 立方米地埋式蓄水池，用机井集中向池中供水，滴灌时每座温室装微型水泵加压，并在滴灌首部安装过滤器等。这样做整体来说，投资较大，但对于每座日光温室来说易建易管。

②地上贮水池重力供水　贮水池底部离地面 0.5 米以上，无须用水泵即可进行滴灌，并且能提高池内水温。贮水池与地面之间的压力差即池内水自身的重力通过滴灌管直接供水，可在滴灌首部装化肥罐和过滤器等。如果在温室内建一个贮水池，不仅占用温室空间，而且投资大，操作又非常麻烦。

③高塔集中供水　对于面积适中、温室集中、水源单一的地

块,可选择用水塔作为供水的加压和调蓄设施,温室内不再另设加压设备。同时,可在水泵与水塔的输水管道上安装过滤器等。虽然建设水塔一次性投资较大,但运行费用低,还可起到一定调蓄水量的作用。

④压力罐供水　对于日光温室多而又集中的地段,可采用压力罐集中加压。压力罐可安装在水泵和滴灌之间,在无人控制下保证管网连续工作,温室内不再另设加压设备。在水源处设置由旋流水沙分离器和筛网过滤器组成的过滤设施。压力罐供水的优点是一次性投资小、管理方便,其缺点是增加了灌溉运行的费用。

(2)膜下滴灌的应用

①滴灌毛管的选用　日光温室菜豆种植较密集,根系发育范围小,对水分和养分的供应十分敏感,要求滴头布置密度大,毛管用量较多,因而毛管可选用价格较低的滴灌带,这样可降低滴灌造价,且运行可靠,安装使用方便。

②膜下滴灌的布置　在滴灌进棚前,应顺棚跨起垄,垄宽 40 厘米,高 10～15 厘米,做成中间低的双高垄,滴灌带放在双高垄的中间低凹处,垄上覆盖地膜。双高垄的中心距一般为 1 米,因而滴灌毛管的布置间距为 1 米。滴灌毛管的每根长度一般与棚宽(或棚长)相等,对需水量大的菜豆有时也可安排两根。支管一般顺棚的后墙长度布置,与棚的长度相等。在支管的首部安装施肥装置和二级网式过滤器等。

③滴灌菜豆的效益　日光温室实行膜下滴灌一般比大水漫灌节水 70%左右,并能大幅度地降低温室内的湿度,减少病虫害,提高菜豆的品质。实行滴灌比大水漫灌棚温高,菜豆可提前上市 15 天。日光温室菜豆实行膜下滴灌可增产 10%～20%,投资回收期一般为 4～6 个月。

(3)膜下滴灌的管理

①规范操作　要想达到菜豆滴灌的最佳效果,膜下滴灌的设

计、安装和管理必须规范操作，不能随意拆掉过滤设施，或在任意位置上自行打孔。

②注意过滤　日光温室菜豆实行膜下滴灌，要经常清洗过滤器内的网，如发现滤网破损要及时更换，滴灌管网内发现泥沙应及时打开堵头冲洗。

③适量灌水　每次滴灌时间的长短要根据缺水程度和不同菜豆品种的需要决定，一般控制在 1～4 小时。

(三)温室冬季菜豆如何科学浇水

1. 小水勤浇　每次浇水量要小，通过增加浇水次数来满足菜豆正常的需水要求。小水勤浇的主要目的，一是保持温室较高的低温，二是保持菜豆的正常生长需水。

2. 浇暗水　要坚持做到膜下暗灌，有条件的可实行膜下滴灌，这样可以有效地阻止地面水分蒸发，降低温室内的空气湿度，防止病害发生。

3. 浇水时间　最好选在晴天的上午进行，此时水温与地温比较接近，浇水后根系受到的刺激小、易适应，同时地温恢复快，能有足够的时间排除温室内的湿气。午后浇水，会使地温骤变，影响根系的生理功能。下午、傍晚或雨雪天均不宜浇水。

4. 升温排湿　在浇水的当天，为尽快恢复地温，要及时封闭温室，提高室内温度，以气温促进地温。待地温上升后，及时通风排湿，使室内的空气湿度降到适宜的范围内，以利于植株的健壮生长。

5. 提倡隔行浇水　即第一天浇 2,4,6 行……第二天浇 1,3,5 行……这样做不致使温室内地温一次性降低过大而影响生长。

(四)温室冬季菜豆浇水后应注意什么问题

冬季日光温室菜豆浇水后，往往造成日光温室内地温低、湿度大，致使菜豆生长不良，病害多发。因此，冬季日光温室菜豆浇水后应加强管理，创造适宜菜豆生长的环境，以保障菜豆正常生长。主要应注意做到以下几点。

1. 注意提温　冬季日光温室菜豆浇水后，应关闭通风口，把温室气温提起来，使温度比平时提高 2℃～3℃，以气温升高促地温回升，从而保障菜豆正常生长。

2. 注意排湿　日光温室菜豆浇水后，应做好温室内的排湿工作，其中提温就是一项有效地降低温室内湿度的好方法。浇水后要关闭日光温室的通风口。在日光温室提温的过程中，温室内的湿度也会相应地降低，待温室气温升高后，再逐渐打开通风口，进一步通风排湿。

3. 注意防棚膜结露　菜豆浇水后，温室内空气湿度较大，棚膜很容易结露，影响日光温室的透光率。可向棚膜上喷消雾剂或豆面水，消雾效果较好。

4. 用药要注意选用烟雾剂或粉尘剂　日光温室菜豆浇水后温室内湿度很大，此时若再喷施药液，会增加温室内的湿度。因此，菜豆浇水后 1～2 天内，应尽量避免用药，必须用药时最好选用粉尘剂或烟雾剂。

5. 随浇水冲施肥时要注意防气害　菜农追肥时往往配合浇水进行，在菜农追施的肥料中，其中有很多含氮量过高的肥料。这些肥料在冲施后会发生氨气，在冬季日光温室密闭的情况下，极易熏坏菜豆。因此，在冲肥后日光温室一定要注意适当通风，把有害气体排出温室外。另外，在选择冲施肥时，一定要选择含氮量较低的肥料，在严寒季节可停用这类肥料，以避免发生气害。

（五）菜豆浇水应协调好七个关系

1. 浇水与需水　菜豆浇水要按需要进行，不能按多少天浇 1 次水来安排。主要是看土壤水分的状况（墒情）来确定是否浇水。

干旱时，如不浇水菜豆枝叶会萎蔫、干叶边，甚至受害枯干，荚果会因干旱浇水不及时而表皮无光或发生弯曲或秕荚，此时再进行浇水除非是有的菜豆特殊的生理需要，否则极易引起沤根烂根，使菜豆根系受害，也会严重影响生长发育。

2. 浇水与地温　浇水能明显影响地温，尤其是越冬的温室菜豆浇一次水会使地温明显降低。当冬季室外温度很低时，井水、河塘水温度多为2℃～8℃，水的热容量大，升高温度需吸收大量的热，所以浇一次冷水后地温会迅速下降，短时间内难以恢复。由于温室菜豆的地温平时要比温室内气温的下限高3℃～8℃，所以在浇一次水后，地温多由20℃以上降至10℃以下，很容易突破菜豆所要求的地温最低值即下限，会对菜豆生长结果造成很大伤害。尤其对根的伤害，有的受害严重难以恢复。这就要求冬天浇水要选在晴天进行，要预先在头一天及浇水的当天把棚温提高2℃左右。浇水后的第一天即可把棚温提高3℃，以求借较高的棚温提高地温，使地温下降幅度变小，并能尽快恢复。

冬季菜豆的浇水量也应适当减少，以避免温度低时水量太大，难以在浇水后做到尽快把地温升上来。因水分在温度升高时需热量最大，浇水量过大地温恢复缓慢，会引发菜豆的生理活动受到不利影响，严重妨碍菜豆的生长发育。所以，冬季浇水时减少浇水量很重要，同时也要利用地膜覆盖并减少浇水次数。

3. 浇水与透气　菜豆浇水后，水分占领了土壤中的空隙，使其中的空气被排出，而菜豆根系需要呼吸空气，如空气供应不足会使根系窒息，轻则根系受伤，生长缓慢，发育不良；重则根系褐变，毛细根死亡，甚至腐烂引发病害，发生死棵。尤其在一些土质较黏的菜地中，原本土地就比较紧实、通气性较差，过度浇水其透气性会进一步恶化，这就是冬季温室黏土地一浇水就黄叶的原因。这种土地原本不易缺铁而引起嫩叶变黄，是浇水使空气被排出，根系吸收困难受到严重伤害，对铁的吸收能力下降，因而发生阶段性缺铁，导致嫩叶变黄。如果根系受害严重，则大叶片也会变黄，这是由于生长素供应不足，致使叶绿素分解。如果大叶嫩叶都变黄，则说明根系受到伤害的时间较长，而且达到了较严重的程度。要解决这些问题，首先要是改良土壤，须年年大量施用作物秸秆肥及禽畜粪肥，每年每 667 平方米应使用 5 000 千克以上，努力增加有机质，才能使土壤由黏重变疏松，形成团粒结构，改善土壤的空气通透状况；其次，一定要注意浇水量要小，要隔 1 行浇 1 行，浇水后要适当升高棚温，并划锄地面改善土壤的透气性。

4. 浇水与追肥 随着浇水进行肥料冲施的追肥方式，较适于温室菜豆的特点。但目前不少地方菜农冲施肥普遍存在 3 个问题：一是冲肥量偏多，有些菜农错误地认为冲施肥量越大产量越高，因此每 667 平方米施肥量一次超过 50～100 千克肥的大有人在。过量的冲施肥会引发肥害，不仅使土壤盐渍化或使土壤透气性不良，也会使土壤溶液浓度升高，引发诸多菜豆生理问题。二是冲施肥不注意与基肥相配合。有些地方施用肥料时甚至以冲施化肥为主，这是颠倒了以有机肥为主、以化肥为辅的原则。种菜应坚持以有机农家肥为主的原则，必须纠正以冲施化肥为主的施肥方法。三是冲施肥要注意肥料的品种选择和品种搭配。例如，一般磷肥应随基肥深施，不宜只随水冲施；菜豆进入结荚期后，应注意氮、钾肥的配合冲施，钾肥与氮肥的比例也应控制在 3∶2 左右。

5. 浇水与施药 施用农药防治地下病虫害，通常应采用穴施或灌根等方式，一般不采用随水冲药的方式，因为随水冲施的方式用药量太大。浇一次水，每 667 平方米用水量一般需 20～30 米^3，随水冲施的农药按稀释 500～1 000 倍计算，需要一次用药 10～20 千克。而如果用灌根、穴施等方法施药，每 667 平方米用药量只需几百克就够了。冲施农药，用少了浓度太低不管用，用多了不仅开支大，而且污染严重。但地下施药防治病虫害时，不可在灌根、穴施后即浇水，因为这种浇水方式会稀释农药而降低防效。

6. 浇水与防病　菜豆喜潮湿，但浇水会增加温室土壤的湿度，在灰霉病、炭疽病、猝倒病等病害发生时，须把浇水适当推迟。注意采用膜下浇水的方法避免温室中因浇水土壤湿度增大给防病带来困难。一旦病害有发展蔓延的趋势时，喷药防治要安排在浇水之前，力避先浇了水再喷药。如果先浇水再喷药，无异于“先放火再去救火”，这是病虫害防治中的大忌。在浇水的过程中，病原菌会随着水扩散和传播，所以一旦发现根部病害，在拔除病株施药防治的同时，也须注意勿使浇水流经病穴，也可以用土堵填防止流水传播。

7. 浇水与调节　菜豆过于旺长亦称偏于营养生长，会使生殖生长开花结果发生困难，常引发落花落荚或花少荚少产量低的问题。旺长还会使抗性下降，病害多。要控制旺长，必须注意控制浇水。尤其在一批花的开花期，为确保坐果良好必须避免花期浇水。这就要求事先做好安排，务必使菜豆在开花期土壤不能过于干旱，这样才能避免出现花期过于干旱又不能浇水的尴尬。对于菜豆，控制旺长就间接地提高了坐荚率。虽然现在应用植物生长调节剂蘸花可较好地解决菜豆坐荚率低的问题，但控制浇水不失为提高蘸花效果的保证。

充足的水是弱苗返旺的条件，在苗弱的条件下，浇水与施氮肥相配合，同时注意适当提高棚温，才能较快地把弱苗弱株调理成茁壮苗。

第七章　日光温室菜豆栽培管理经验与新技术

一、日光温室菜豆定植方法要科学

菜豆定植前后管理不当，是造成菜豆缓苗慢、花打顶的重要原因。定植方法是否合理，直接关系到菜豆定植后的生长。目前，在菜豆定植上存在很多问题，如采用平畦栽培、基施的有机肥未腐熟、定植后浇水量过大等，严重地影响了菜豆的生长。菜豆的定植要科学，要做到以下几点。

(一)起垄定植

冬季光照弱、地温低，是影响菜豆缓苗和生长的主要限制因素。遇连续阴雪天气时，温室内光照、温度较低。若采用平畦栽培，不利于定植后地温升高，缓苗慢。冬季菜豆起垄栽培更具优势，要起大垄，将菜豆定植在垄肩部位，沟要深一些、窄一些，以利于增加光照面积，提高地温。

(二)轻提苗

轻提苗可以明显减少菜豆伤口，减轻病害发生。但不少菜农对这一点未引起重视，菜豆育苗时多使用穴盘，定植取苗时，不要直接捏着茎秆将苗提出，而应轻捏穴盘下部，将苗坨取出。这样，不仅可以避免在茎秆上形成伤口，而且可以保护根系、减少断根，防止病原物侵染，减少病害发生。

(三)浇小水

不少菜农都有定植后立即浇大水灌溉的习惯,这种做法只适宜温度较高的夏秋季节,在冬季则是弊大于利。浇大水严重影响了地温升高,使根系再生困难;冬季水分蒸发量小,浇大水将造成较长时间内土壤水分过多、空气减少,透气性变差,影响根系发育,甚至造成沤根。

浇小水一般是隔行浇水,总量要少,大约为普通浇水量的1/3～1/2。冬季温度低,蒸发量小,需水量小,浇小水比较适宜。如果条件允许,定植后应单株浇水,这样既可满足幼苗缓苗所需的水分,又有利于保持较高的地温,促进缓苗。

(四)穴施生物菌肥

经过长时间的连作种植,土壤中的有害菌增多,易发生病害,而影响根系的发育。定植时,菜豆根系不可避免地要受到损伤,给土壤中的有害菌提供了很好的侵染机会。定植后的一段时间是病害发生最为严重的时期之一。为此,早施生物菌肥可以起到明显的防病作用。

穴施生物菌肥,可以增加土壤中有益菌数量,保护根际环境,保持土壤微生物的平衡。如果施用化学杀菌剂,不仅杀灭了土壤中的有害微生物,而且对有益微生物有害,虽然定植后的一段时间内不发生病害,但对根系的长期生长不一定有利。

二、科学通风以调控日光温室环境平衡

(一)通风的作用

1. 降温 不管是越冬茬还是冬春茬菜豆栽培,晴天中午时分

温室内气温如高达 40℃以上，这时植株体内多种合成分解酶、辅酶将失去活性，导致作物代谢作用和光合作用停止，无干物质生成。如高温时间过长，植物局部会受到热害，甚至导致整株作物死亡，因此需要通风以降低温室内的温度，将温度控制在最适宜作物生长的范围内，一般应控制在 20℃～28℃。

2. 排湿 冬天温度低，温室内湿度增加，作物表面易结露。从半夜到早晨揭草苫前空气相对湿度有时可达 100%，温室覆盖膜表面水珠凝结下滴，温室内产生雾气，常使菜豆叶面太湿，易发生多种病害，因此要及时通风排湿。

3. 温室内气体要调节平衡 施用的农药会分解出有害气体，施下油粪肥会释放氨气，质量不好的地膜、棚膜也会释放出有害气体，这些有害气体都会危害菜豆，应及时排出温室，使新鲜空气进入温室。此外，通风能及时补充温室内的二氧化碳，有利于菜豆进行光合作用。揭苫后菜豆见光 1 小时，温室内二氧化碳消耗已达到补偿点以下，因此温室及时通风是很有必要的。

(二)通风的方式

在冬季，温室通风主要是靠通顶风来完成的。有经验的菜农通常一天要通 2 次风或通 3 次风，以排出温室内的湿气和有害气体，补充温室内的二氧化碳，并可起到降温的作用。

(三)通风的具体方法

在不同的天气情况下，通风方法有差异。晴天时，主要是控制温度。白天上午温度达到 20℃时，开始通风；下午温度降至 20℃左右时，通小风，温度降为 18℃左右时，关闭通风口。从傍晚至上半夜是作物养分转化和运输的主要时期，此时温度以 20℃～18℃最为适宜；下半夜植物呼吸作用加强，养分消耗较多，温度应控制在 15℃～13℃，以减少呼吸作用的营养消耗。阴天时，主要是在保温的情况下控制湿度。在气温不低于13℃时，早晨通风半小时，中午较热时通风1～2小时，傍晚通风半小时左右即盖草苫。雨雪天或大风降温时，可在中午12时左右适当通小风半小时，这样既交换了气体，又使气温不至陡然下降。千万注意不能只顾保温而忽视二氧化碳的补充，否则会影响作物的光合作用。

三、掌握好冬季日光温室菜豆的通风时间

冬天，在菜豆日光温室中，夜间会积累较多的二氧化碳，这主要是由土壤中的有机质分解而释放出来的，其中一部分是由菜豆的呼吸作用而产生的。由于冬天傍晚要关闭日光温室，会使夜间温室中的二氧化碳积累到很高的浓度，通常有机肥充足的棚可达1 500毫升/米^3，甚至更高，这个浓度是空气中二氧化碳的5倍。所以，充分利用温室中的这些二氧化碳供应菜豆进行光合作用的需要，会使光合产物数量大幅度地提高，可明显增加菜豆产量。这就要求菜农注意不能过早通风，以免使温室中的这些二氧化碳逸出温室外而白白地浪费掉。据研究，揭开温室上的草苫后，在良好的光照条件下，温室中积累1个夜晚的二氧化碳可供温室中菜豆1小时左右的光合作用的需要，所以即使温度条件适宜通风，在揭草苫后1小时之内也不要通风。过早通风会使部分二氧化碳扩散到温室外，实际上等于减少了光合产物的生成量，使本该得到的产量没有得到。

如上所述，揭苫见光后，温室中的二氧化碳只够一小时所需，如果一小时后还不通风，温室中的二氧化碳将耗尽，则光合作用即停止。这时即使光照条件再好，也没有光合产物生成，将白白地浪费上午的大好时光。所以，只要温度条件适宜，在揭苫一小时后，就应立即通风，使温室外的二氧化碳及早进入温室内，使菜豆的光合作用能连续地进行。有时在温室外温度较低的情况下，为了维

持适当的室温，可把通风口由小到大逐渐打开。

四、冬季日光温室菜豆如何维持适宜的地温

在菜豆生产中，适宜的地温往往是菜豆优质丰产的基础。而菜农往往对温室内地温的调控重视不够，常造成温室菜豆生长不良、产量降低。为了调控好菜豆日光温室的地温，为菜豆营造一张温床，生产上应做到以下几点。

（一）调控好温室内的温度

温室内的温度是影响地温的一个最重要的因素。关于提高温室内气温的措施大家都非常熟悉，如加厚草苫、盖浮膜、电灯泡增温、建棚中棚、采用水枕头增温法和挖防寒沟防寒等。只有在保证温室内有较高气温的前提下，才能有较高的地温。因此，在深冬季节地温偏低的情况下，应提高温室内的温度，以气温促地温回升。

（二）合理浇水

第一，要注意浇水的时间，在冬季，一般应选在晴天的上午浇水，这样在浇水后土壤才有充分的提温排湿时间。第二，要注意浇水量，如果一次性浇水过多，水温低，水的比热大，地温不容易恢复，因此浇水应少量多次。尤其在深冬季节，在地温过低的情况下，如果一次性浇水过大，很容易造成菜豆沤根。在一般情况下，浇水后的当天和第二天要把棚温提高 2℃～3℃。冬季浇水一定要科学合理，有条件的地方最好使用微灌。

（三）覆盖地膜

地膜覆盖是一种提高地温的好方法。需要注意的是，地膜应适当晚盖，越冬茬菜豆最好在立冬后再盖膜，因盖膜过早不利于菜

豆根系深扎，在严冬棚温过低的情况下容易冻伤根系。

（四）在菜豆栽培行内覆盖秸秆或稻壳粪

这是一项保持地温稳定的措施。秸秆或稻壳粪在发酵腐熟的过程中，释放的热量和二氧化碳要比作物秸秆高许多倍，很有推广价值。寿光菜农已广泛采用这一措施。

五、菜豆花期的管理

（一）忌高温

菜豆不喜欢高温，较高的温度常使菜豆枝蔓徒长、落花落荚。春季温室内温度较高，若不注意加强通风，菜豆的开花坐荚率就不会高，即使坐住后也会落花落荚。因此，菜豆要想获得高产，就必须调控好花期的温度。一般情况下，菜豆花期最适合的温度为20℃～24℃，如果高于24℃时坐荚率下降，高于28℃时会出现严重的落花落荚。

（二）忌浇水

花期浇水会引发菜豆落花落荚，因此花期一定要禁止浇水。为防止菜豆花期温室内土壤过于干旱，可于开花前在定植沟内溜一下小水，以确保菜豆花期土壤不过分干旱。

（三）忌缺硼

硼肥缺乏也是造成菜豆落花落荚的重要原因之一，因此菜豆开花前期一定要补足硼肥。喷施硼砂600倍液或硼酸800～1 000倍液，可显著提高开花坐荚率，避免落花落荚。部分菜地缺硼大多是因土壤过于干旱致使植株根系吸肥能力受阻造成的，因此菜豆花期要注意保持土壤不过干过湿。

(四)忌乱用药

菜豆应忌用含有嘧霉胺、代森锰锌、炭疽福美、乙霉威成分的药剂,铜制剂也应减半使用。菜豆花期对农药较敏感,常易发生药害,尤以嘧霉胺为甚。因此,平时菜豆用药,一定不能选择含有上述成分的药剂,喷用此类药剂不仅会造成叶片发黄,严重时还会造成落花落荚。此外,用药时还应注意药液浓度配比要科学合理,一般花期应停止喷药,以免发生药害而导致落花落荚。

六、日光温室菜豆吊蔓有窍门

一般日光温室菜豆吊蔓的方法是吊绳上端系在铁丝上,下端则系在菜豆的下部茎蔓上。这种吊蔓方法的弊端主要有二:一是吊绳扣易勒伤菜豆下部茎蔓,特别是在菜豆大量坐荚期,坠蔓现象更明显,进而阻碍有机养分的运输,影响植株生长。二是由于菜豆伸蔓呈缠绕式,即其茎蔓缠绕着吊绳往上长,这样吊蔓方法很不利于种植结束后的清园工作,增加了劳动强度。

科学的吊蔓方法是:在菜豆株高为 40 厘米、开始出现茎蔓倒伏时准备吊蔓。吊蔓前 3 天浇 1 次水,目的是湿润土壤。吊蔓时,先把吊绳的下端用手摁到距离菜豆棵 3～5 厘米处的土壤中,深约 5 厘米,然后用湿土压实,接着再按照菜豆株距的大小,把吊绳的上端系在其上方的铁丝上,保持吊绳垂直、略紧。最后,再把菜豆茎蔓顺势盘绕在吊绳上即可。

改进后的吊蔓方式,既不会勒伤茎蔓,又便于种植结束后的清园工作,即从上往下一拉,便可拽出吊绳。

七、培育菜豆壮棵宜连续两次盘蔓

由于菜豆相对于其他豆类品种来说，其生长能力弱，连续坐荚能力差，所以要促进其多发侧枝，并避免植株长得过高，造成上部叶片遮光，影响植株的生长。因此，为培育壮棵，对菜豆可进行2次盘蔓。

（一）第一次盘蔓

当菜豆高度达到1.2米，没有开花之前，应将菜豆植株顶部向下盘蔓，但要保持菜豆生长点向上，这样做的目的是抑制菜豆的顶端优势，促进侧枝的萌发，从而增加植株的开花坐荚量。但应注意不能盘蔓过晚，否则即使能够抑制菜豆的顶端优势，但此期主蔓的豆荚大量形成，叶片制造的光合产物会优先供应幼荚的生长，也不能促进侧枝的大量萌发，致使产量低下。

（二）第二次盘蔓

在植株的生长点长到与铁丝等高时进行，这时植株的侧枝萌发较多，并且已经进入大量开花坐荚期，植株顶端优势虽然受到抑制，但还会在铁丝上部形成郁闭，影响菜豆荚果见光，这时可将菜豆的生长点向下盘蔓，使其降低至铁丝顶端以下10～15厘米处，当菜豆长到与铁丝差不多高时，生长点会因营养大量供应荚果而停止生长，这样植株就会被整理成柱状而增强其开花坐荚能力，一棵植株的坐荚数量可以达到40个左右，并且能够达到商品荚的要求。

八、先掐后防，巧管温室春菜豆

日光温室栽培菜豆进入伸蔓开花期后，要采取以下两个关键措施进行管理。

(一)适时掐尖

温室菜豆与露地菜豆栽培环境条件不同，由于温室内气温较高，菜豆生长速度快，容易出现茎蔓徒长而结荚少的现象。为了提高温室菜豆的产量，应采取掐尖的办法以调节菜豆上下枝蔓的合理布局。据观察，温室菜豆从第三组叶片形成后，节间明显拉长，茎蔓生长速度加快，应根据这一点确定适时掐尖的时机。

从第三组叶片现形后开始掐尖，可以控制主蔓的徒长，促进下部侧枝的萌发。相反，如果掐尖节位过高，主蔓生长旺盛得不到控制，侧枝萌发也很缓慢，侧枝出现后不必掐尖。

(二)早防落花落荚

落花落荚是温室菜豆栽培中的一大难题。造成落花落荚主要有两个方面的因素：一是营养因素，开花初期常常因为营养生长和生殖生长之间竞争而落花落荚，尤其在盛花期更为普遍；二是环境因素，多是因为气温偏高使花的器官发育不良，妨碍授粉受精。当温室内气温达到 24℃时就开始落花，30℃以上落花会更加严重，因此在 3～4 月间要逐渐加大通风量。此外，菜豆开花结荚期间也要保持温室内的空气湿度，如果温室内高温干旱致使花柱干燥，对花粉管的延伸也有影响。因此，创造适宜的环境条件对于防止温室菜豆落花落荚至关重要。

九、先摘叶后摘心，菜豆早产效益高

菜豆在摘完一批荚果后，其侧枝萌发需要较长时间，而冬春茬菜豆大都须赶在春节前后上市以取得更好的效益，所以菜农都想方设法使其在这一阶段早结、多结豆荚，早上市。通过先摘叶后摘心方式，既可提高菜豆产量，又能恰好赶在春节前的卖价高时上市。

(一)摘 叶

菜豆摘完一批果实后，先疏除下部多余的老叶、黄叶，然后把菜豆每个叶柄上的 3 片小叶中摘去中间的 1 片，目的是减少营养消耗，使植株集中养分促进侧芽萌发。摘叶量的多少视植株情况而定，枝蔓叶茂密遮荫时多摘，反之则少摘，摘叶一般不能超过植株叶片总量的 1/3。摘叶后应加强肥水管理，可每 667 平方米随水冲施复合肥 20 千克，并结合常规的肥水管理，用 0.2%尿素＋0.3%磷酸二氢钾等叶面肥喷洒，以促进侧芽提前萌发。

(二)摘 心

一般菜豆上架后可将第一穗花以下的杈子全部抹掉，待主蔓爬到架顶时摘心，后期的侧枝坐荚后也要摘心。主蔓摘心可促进侧枝生长，抹杈和侧枝摘心可促进荚果生长。此外，摘心还有控制旺长的作用。菜豆根深耐旱，生长旺盛，比其他蔬菜容易出现营养生长过旺的现象。在温室中栽培菜豆，光照弱、温度高、肥力足，其营养生长旺盛就更为普遍，因而会影响开花结荚。因此，对旺长的植株，平时除通过温度、药物控制外，及时摘心是一个很好的办法。

菜豆先摘叶后摘心的方法虽然简单易行，却能使菜豆提前十几天坐荚，产量也有较大的提高。

十、菜豆整枝要重点保留下部侧蔓

菜豆都是利用侧蔓结荚，但是如何利用侧蔓结荚以提高产量却大有讲究。

首先，主蔓长到铁丝架(高约2米)以上10～20厘米时，可将主蔓扭成圈挂在铁丝上并摘心，以促进下部侧蔓的萌发。但铁丝以下50～60厘米之内的侧蔓容易发生旺长，且花芽分化少，开花坐荚能力弱，产量也低，会很快在铁丝上爬行造成枝叶郁闭，致使植株下部光照不良，影响下部侧蔓的花芽分化及坐荚。因此，当这些侧蔓长至1～2厘米时应全部疏除，而由此向下的侧蔓长势缓和，花芽分化好而且坐荚能力强，则应全部留下。

其次，下部侧蔓长到铁丝架以上时，则要全部进行1次摘心，以促进下部侧蔓上再生侧蔓，增加开花结荚量。当下部侧蔓长至铁丝以上时，头太多，再逐一摘心将很费力，这时可以站在凳子上，用一根短竹竿将铁丝之上新萌发的头平着全部打去，省工省时。

通过以上的整枝，菜豆生殖生长与营养生长更协调。疏除上部侧蔓后，更多的营养可以供应下部侧蔓的生长和花芽分化，使下部枝蔓生长更健壮，开花更多，促使营养生长与生殖生长同步进行，增强下部侧蔓的开花坐荚能力，改善了植株通风透光状况，这样就不会在铁丝上部形成遮光叶幕层而遮挡下部侧蔓，使下部光照明显改善，立体光照好，有利于整体提高光合速率，有利于提高坐荚率，而且豆荚见光多，色泽好，商品性也好。

十一、菜豆控温应从苗期开始

25℃是菜豆花期管理的温度上限，超过25℃菜豆落花严重。因此菜农都很重视控制菜豆花期的温度，将棚温控制在22℃～

24℃。花期温度管理固然重要,但决定成花(即花芽分化)的温度更为关键。花芽分化得好,花才形成得好。而花芽分化是从苗期开始的,因此,控温应从苗期开始。

苗期千万不要提温促秧。不少菜农往往采取提温促秧的方法进行管理,意图快速促秧、提高结荚,而将棚温控制在 25℃～30℃,可结果却事与愿违,不仅菜豆开花迟,花量少,而且落花严重。正确的做法是:在培育好壮苗的前提下,从定植缓苗后即开始控温管理。将白天日光温室温度控制在 20℃～25℃,该温度管理一直持续到豆荚坐住并长至 3～5 厘米长时,才可适当提温促荚生长。

苗期开始控温,确切地说是从菜豆第三对真叶形成后开始,即在播种后 25 天左右,实生苗在定植后 10 天左右,因此期是菜豆开始花芽分化的时期。苗期控温,不仅有利于花芽分化,还有利于形成壮棵,减短节间长度,增加叶片数量,这对于菜豆后期的高产非常重要。

十二、巧用生长调节剂

菜豆植株过旺不坐荚。由于温室内温暖湿润的环境,适宜菜豆茎蔓的生长,很容易造成菜豆植株徒长、结荚少。不少菜农往往不注意菜豆前期生长势的调节,于是等到开花结荚期,菜豆坐不住荚时,便被动地利用浇小水甚至不浇水的控水方法来缓和菜豆植株生长势,以促进坐荚。然而,过度控水,同样不利于菜豆的开花坐荚。即使这一茬豆荚坐住了,但弯荚、独粒荚等畸形荚数量增多。为此,在菜豆生长前期就要使用助壮素控棵。

日光温室菜豆从第三组叶片形成后,节间明显拉长,茎蔓生长速度加快,可根据这一特点确定激素的使用时间。若不从此时开始控制植株长势,则往往长到 2 米高度的主茎蔓只有真叶 5～6

片，功能叶片少，坐荚数量必然少。若此时使用助壮素等植物生长调节剂进行调节，则一般2米高的主茎蔓可有6～8片真叶。日光温室菜豆大多是每隔一片叶长一个花穗，使用调节剂控制后可多坐1～2穗荚。

在第三组叶片形成、株高约30厘米时，喷洒一次助壮素800倍液；株高为70厘米时，喷洒第二次助壮素800倍液调节茎蔓的生长。株高为200厘米、茎蔓爬满架时，再喷一次助壮素600倍液。在开花结荚期，已经发生徒长的植株，可喷洒30毫克/千克萘乙酸水溶液，促进坐荚，减少落花落荚。

十三、初花水当浇则浇

在日光温室菜豆管理上，有“干花湿荚”的说法，即不在菜豆花期浇水，在豆荚坐住后方可浇水。这种说法有一定的道理，因为在菜豆初花期浇水，土壤和空气湿度过大会影响花粉发芽，过多的水分会降低雌蕊柱头上黏液的浓度，使雌蕊不能正常受精而落花落荚，降低产量。但这种说法和做法有些片面。因为在菜豆花粉形成期，若土壤干旱、空气湿度过低，同样会导致花粉发育不良，使花和豆荚数减少。因此，初花水当浇则浇，特别是在土壤过于干旱的情况下，要注意浇水的方法和控制好浇水量。一是可采用“膜下轻浇小水”的方法，补充植株和花芽生长发育所需的水分。二是可采用“先补肥后浇水”的方法，即先采用叶面喷肥的方法，确保花和豆荚生长所需要的水分和养分，待豆荚坐住再浇水施肥，促进豆荚发育。

十四、菜豆在开花前补硼补钼

缺硼缺钼是造成菜豆落花落荚的重要原因，补硼补钼有利于菜豆开花结荚。但不少菜农，多在开花期使用硼肥和钼肥，其使用的时间是错误的，理由有二：一是在花期喷硼肥、钼肥时，溶液可能会把花柱头喷湿，如花柱头被喷湿会直接影响菜豆授粉，更容易导致落花落荚；二是在花期喷硼肥、钼肥后不能改变菜豆前期缺硼、缺钼造成的花芽分化差的问题。故补硼补钼应在开花前补，不应在开花期补。

硼肥既可作基肥施用，也可作叶面喷施。作基肥时一般每667平方米施1～1.5千克。而菜豆对钼肥的需求量极少，每667平方米施用3克左右即可，所以一般作叶面喷施为宜。可在第三组叶片展开时喷施1次，至开花前7～10天再喷施1次，开花后再喷施1次即可。硼肥可用硼砂600倍液或硼酸800～1 000倍液，钼肥可用钼酸铵2 500倍液。

十五、捡拾残花，防止灰霉病

灰霉病是导致菜豆烂花烂荚的最为严重的病害，尤其是在低温季节更为突出。

由于灰霉孢子数量大，加上菜豆不耐药，使得灰霉病一旦发生后，不仅危害严重，而且难以控制。因此，防治灰霉病要在合理用药的基础上，树立“以防为主”的防治理念。

灰霉病多从残花开始侵染。因此，防治菜豆灰霉病的首要措施是捡拾残花。在豆荚坐住后应及时将荚上的残花去除，通常是采用晃动枝蔓的措施使其落花，捡拾后进行销毁，这样就直接切断了病菌的传播途径，是豆类蔬菜防治灰霉病的关键措施。另外，还要及时去除底部老叶、病叶，加强通风，不给灰霉病创造发病的条件。此外，要采用喷施和烟熏的方法进行药物防治。由于菜豆很“娇贵”，在用药剂防治灰霉病时，要充分考虑到它对药剂的敏感程度和灰霉病菌的抗药性。

采用喷雾防治，可选用50%异菌脲可湿性粉剂1 500倍液、50%乙烯菌核利水分散粒剂1 000倍液、嘧菌环胺1 000倍液等药剂轮流喷施防治。如采用熏烟防治，可用10%菌核净烟剂。但每667平方米用量不要超过200克，熏棚时间也不能超过8小时。

十六、冬春季节加强肥水促菜豆生根

冬春季节多受地温过低、肥水不当等因素影响，菜豆根系易表现为根量少，根系弱，根尖发褐，红根加重。因此，该期菜豆的管理一定要严把肥水关。温度较低阶段切忌大水浇灌，以防止地温降幅过大而造成伤根或沤根。此期仍然要采用冬季"浇小沟、浇小水"的方法，施肥应以促根的优质生物菌肥（如芽孢杆菌型生物菌肥）、甲壳素、海藻酸等为主。温度升高后，可适当加大浇水施肥量，每667平方米可用硫酸钾复合肥（15∶15∶15）15～20千克进行冲施。

此外，补硼补钼以预防菜豆落花落荚也非常关键。不少菜农都了解硼肥对于花器官的影响，生产中也非常注意硼肥的使用。但是，菜豆对钼肥也有特殊的需求，钼元素能促进根瘤的形成，有利于花芽分化，能提高授粉受精能力等。因此，待菜豆长至4～5片叶、刚刚冒出侧蔓头时，对叶面喷氨基酸硼肥或含钼叶面肥，对以后菜豆的丰产有明显效果。

十七、春季注重调控棚温防落花

春季天气变化频繁，忽冷忽热，应提早做好温室温度调控，避免棚温过高或过低而影响菜豆开花坐荚。

开花前，棚温白天控制在23℃～28℃，保持较高温度，以促进茎蔓发育。初花期，白天棚温控制在20℃～24℃，不能超过24℃，防止温度过高造成菜豆花芽分化不良而落花。坐荚期可提高棚温，白天控制在25℃～30℃，以利于果实和茎蔓生长。

如果白天棚温超过30℃，夜间温度降不下来，昼夜温差小于10℃，将使菜豆白天制造的光合产物多用于茎蔓生长，而植株体内积累的营养较少，花器官发育所需营养不足，而出现拔节长、茎蔓细、花少或花小等情况，故须注意加强温度的调控。

俗话说："打了春，莫欢喜，还有40天的冷天气"。因此，还应做好应对低温天气的准备。可对菜豆叶面喷施天达2116（复合氨基低聚糖）或甲壳素等产品，抗冻防寒，防止落花落荚。连阴天转晴后，草苫不要揭开过大，以免菜豆植株发生急性萎蔫。建议上午10时前可揭花苫，而后再全棚揭苫。

附：寿光种植菜豆高手在管理早春茬菜豆时的成功经验

陈树良，寿光市田柳镇薛家村人，种植菜豆6年来，年年创高产，是该村出名的种植高手。他的春茬菜豆花多荚密、生长健壮，年年高产。

据陈树良介绍：在春茬菜豆的栽培管理中，3个问题最为关键：一是合理施用肥水；二是防止落花落荚；三是防治病害。

1. 合理施用肥水，确保营养生长与生殖生长协调进行

菜豆定植后以促棵壮秧为主，一般不浇水施肥，防止植株旺长或形成弱苗。当植株长至1米高时，可浇1次清水，以促进茎蔓的生长。此后直至坐住荚前不再浇水施肥。当豆荚多数坐住并长至7～8厘米时，开始浇水施肥，以补充菜豆荚生长所需的水分和养分，防止因水分和养分供应不足造成落花落荚。

2. 提高开花坐荚率，促进多形成精品荚

一是合理使用激素。可用助壮素进行控制，其浓度随着菜豆的长势而定，一般在苗期可用1 000～1 500倍液，在植株生长旺盛期可用750～1 000倍液。二是严格调控温度。菜豆授粉的温度范围较窄，一般白天温度控制在23℃～25℃，不能超过25℃；夜间温度控制在13℃～14℃，以促进花芽正常分化，保证菜豆正常坐荚。三是及时整蔓。基部2～4片叶间不留侧枝，如长出侧枝要及时摘除。以后萌发的侧枝要及时地缠绕到主蔓上，防止侧蔓杂乱影响通风透光而不利于坐荚。

在菜豆花期，若遇阴天，在阴天的前一天应喷施一些促花保荚的调节剂如硕丰481（芸薹素）等，用以保花保荚。

3. 防治病害，保障植株和豆荚正常发育

菜豆不耐药，在病害防治上，要本着以防为主、综合防治的原则进行。合理选择药剂，并且要严格按照药剂的使用浓度规定，不要随意加大用量，以免产生药害。

防治菜豆病害，对含有代森锰锌、代森锌、乙霉威、菌核净、嘧霉胺等类药物要慎重。应用铜制剂防治细菌性病害时，也要减量使用。如丁戊己二元酸铜在其他蔬菜上喷洒浓度为500倍液，但在菜豆上喷洒浓度仅需800～1 000倍液。

在早春季节主要是防治灰霉病。防治灰霉病可采取以下3个步骤进行：一是及时捡拾残花，减少灰霉病菌侵染的概率；二是喷药预防，可用50%异菌脲可溶性粉剂1 200倍液或50%腐霉利可溶性粉剂1 500倍液喷施，每隔10～15天喷洒1次；三是一旦发病，应在发病初期及时用药，可喷药、熏药结合全面防治。

十八、低温时期菜豆保花保荚是关键

冬季落花落荚是最令菜农头疼的问题，因为菜豆对温度、光照、湿度、养分的要求都较高，一旦管理不好，极易造成落花落荚。冬季要保住花保住荚，要抓好以下5项工作。

（一）要掌握好温度

菜豆对温度特别敏感，温度过高过低都会造成落花落荚，一般来说，菜豆结荚的最适温度为19℃～25℃，高于25℃或低于19℃均会引起花芽不能正常分化，造成落花落荚。

（二）要保证光照充足

菜豆植株底部落花落荚最为严重，其原因是种植过密、枝叶过多，底部光照较弱。因此，要及时疏枝摘叶，改善植株之间通风透光性；采用无滴性能好的薄膜，勤擦薄膜，以提高薄膜透光性；晴天时要早揭、晚盖草苫，延长见光时间。

（三）营养要协调好

菜豆营养不足会直接导致落花落荚。因此在施肥中要以有机肥为主（如每667平方米施用大源鱼蛋白发酵豆粕1 000～2 000千克），氮、磷、钾配合施用（可冲施全水溶性肥料，如乐吧牌三元复合肥20∶20∶20），并重视中、微量元素肥料如硼砂和钼酸铵的施用。同时，要调节好浇水量，控制旺长，集中养分保障花、荚生长的需要，以减少落花落荚。

（四）要调节好温室内的湿度

一般来说，空气湿度过大或过小时，花粉粒都不能正常授粉，造成落花落荚。有的菜农抱有"干花湿荚"的旧观念，即在菜豆开花时不浇水，等到坐住荚后才浇水，其实这种观念是错误的。如果空气湿度过小的话，菜豆同样不容易坐住荚。因此，应根据温室内的情况确定，如果温室内过于干旱，应遛一遍小水。

（五）重视预防菜豆落花落荚

可在菜豆蔓爬到铁丝处时用助壮素1 500倍液喷雾，防止菜豆伸蔓期旺长，促进开花。如因旺长造成落花落荚较严重时，可用萘乙酸3 000倍液喷洒菜豆花序，可根据具体情况施用1～3次。

十九、如何预防菜豆断层

在菜豆生产中,断层现象非常明显,严重影响菜豆产量和效益。要避免菜豆断层,首先要弄清菜豆容易出现断层的时期,然后从肥水管理入手来解决这一难题。

(一)第一次断层的预防

一般来说,菜豆第一次断层是在主蔓结荚期后。由于前期植株长势弱,主蔓结荚后,坠住了植株,致使植株营养生长不良而造成断层。这次断层主要是因为前期没有培育好壮棵造成的。所以,要想解决这次断层,就要培育好壮棵,重点做好以下两个方面工作:一是定植时穴施生物菌肥,充分利用菌肥防死棵、促生根、调节生长的作用,培育发达的根系和健壮的植株,以提高植株连续结荚的能力,一般每 667 平方米施用 80～120 千克。二是缓苗后控水控节,促根深扎。浇缓苗水后直到开花前一般不浇水。若植株瘦弱,可用激抗菌 968 冲施肥随水冲施一次,以促根壮棵。开花前,若土壤过干,可在形成白花蕾前再轻浇一次"防旱水",防止花期缺水造成落花。该次浇水不能早也不能晚,若浇早了容易导致植株旺长,不开花或开花少;浇晚了容易造成落花,影响产量。

(二)第二次断层的预防

当主蔓和侧枝上的菜豆摘完时,若肥水供应不及时,田间管理跟不上,往往会出现第二次断层,并且这次断层后较长时间不结荚,没有产量。所以,充足的肥水供应是避免菜豆结荚断层的关键所在,因此当菜豆采收到上部时应重施促花肥,以促进菜豆腋芽与花梗的花芽重新分化。该次施肥如施早了起不到促花的效果,施迟了植株已开始衰败。一般每 667 平方米施硫酸钾型复合肥20～

30 千克，及时进行冲施 1～2 次即可。同时，在进行冲施时，还应注意按照氮、磷、钾的比例为 2.5∶1∶2 进行冲施，避免氮肥过量而旺了植株，避免钾肥过量导致豆荚“鼓粒”而影响产品商品性。

二十、怎样“控节控旺”更有效

如果菜豆拔节旺长，营养生长过剩，生殖生长就会被削弱。为了协调植株生长，培育壮蔓，促花保荚，要注意抓好“四控”措施。

(一)控氮控水

菜豆根系具有固氮能力，故施肥上可以适当减少氮肥施用量。若氮肥过多，茎蔓旺长明显。举例说明，实种面积为 480 平方米的温室，可施用鸡粪 1 000 千克、三元复合肥 50 千克作基施；进入豆荚膨大期后，隔 10～15 天追肥 1 次，每次冲施 4～5 千克氮磷钾(20∶20∶20)全水溶性肥料。

菜豆生长前期要适度控水，及时划锄，保持土壤较为干燥，且通透性较好，以促进根系下扎，保证植株健壮。

(二)控 温

白天棚温高，夜间温度降不下来，昼夜温差小于 10℃，使得白天制造的光合产物多用于茎蔓生长，而植株体内积累的营养较少，花器官发育所需营养供应不足，进而表现为拔节长、茎蔓细和花少或花小等。这时要调控棚温，保持白天不超过 24℃，夜温保持 12℃，尽量拉大昼夜温差，以控制菜豆旺长。

(三)化学控长

在菜豆旺长较为明显时，最为快速有效的解决方法是使用植物生长调节剂结合实际情况进行控长。在一般情况下，可在菜豆开花前用15升水+5毫升爱多收(2.85%硝·萘酸水剂)进行叶片喷施,以控棵促花。如果植株还继续旺长,则用15升水+7克烯唑醇喷施。3天后,若控长效果理想则无须再喷,否则可再喷1次。

(四)扭蔓控长

在菜豆茎蔓长至1.5米高时,可在其茎蔓生长点下40厘米处将茎蔓下弯盘圈。开始选择盘圈的茎节不可过低,以免导致茎蔓长势太弱。盘圈的直径以13~18厘米较为合适。盘圈个数依植株长势而定,长势稍旺的植株可盘圈1个;长势过旺的植株除在主蔓上盘圈外,对侧蔓也可盘圈,一般每株盘圈2~3个即可。

二十一、菜豆用药防病需注意哪些问题

菜豆天生娇贵,耐药性差,尤其是在花期,极易造成药害。因此,在菜豆防治病虫害的用药上要强调科学合理和细心操作。

菜豆花期忌用含代森锰锌、嘧霉胺、乙霉威、辛硫磷等成分的药剂,铜制剂也应减少使用。菜豆花期对农药较敏感,喷用此类药剂不仅会造成叶片发黄,严重时还会造成落花落荚,其中以嘧霉胺对菜豆开花影响最大。因此,菜豆在花期用药时,要注意避免选择含有上述成分的药剂。同时,在用药时应注意药液浓度配比要科学合理,一般在花期应停止喷药,以免发生药害,导致菜豆落花落荚发生。

灰霉病等是造成菜豆烂花烂荚的主要病害,要提高菜豆产量就必须重视防治灰霉病。灰霉病多从残花开始侵染,防治灰霉病的关键就在花上。可通过晃动植株将菜豆的残花摇落清除,从而消除病菌侵染发病的条件,这是豆类蔬菜防治灰霉病的首要措施。同时,要及时清除底部老叶、病叶,加强通风,以消除灰霉病发病的

条件。

由于菜豆耐药性差，在使用药剂防治灰霉病时，要充分考虑到菜豆对药剂的敏感程度。要科学选择用药方法，可采用喷雾、烟熏相结合的方式进行防治。可用腐霉利、菌核净等进行烟熏，熏棚时间不能超过 8 小时，每 667 平方米用熏烟剂的量不要超过 200 克，防止用药时间过长或用药过重而造成菜豆叶片发黄。喷雾时，选用异菌脲、腐霉利等药剂要选择雾化程度好的喷头均匀喷雾，以避免农药蓄积产生药害。

二十二、日光温室菜豆土壤消毒技术

由于保护地设施的相对固定和保护地生产的多年连茬种植，常造成土壤和温室中的病原菌、虫卵积累，尤其是一些土传病虫害连年发生，病情越来越重，这类病虫害如果不及时加以控制，会造成严重减产或降低产品质量，甚至造成绝产绝收。土壤消毒是控制土传病虫害的重要措施之一，已逐渐为广大菜农所接受。而消费者对无公害产品的需求，对药剂防治提出了更高的要求。因此，我们必须更多地依靠农业综合防治措施，以控制和消灭保护地内的病虫害。

（一）太阳能消毒

在保护地菜豆采收拉秧后，首先要清扫温室，多施充分腐熟的有机肥料，然后把地深翻平整好。在 7～8 月份，气温达 35℃以上时，用薄膜覆盖密闭好温室，土壤温度可升至 50℃～60℃，甚至更高，用高温消毒约 1 个月，可大量杀灭土壤中的病原菌和虫卵，以减轻下茬菜豆土传病虫害的发生。

(二)蒸汽热消毒

用蒸汽锅炉加热,通过导管把蒸汽热能送到土壤中以提高土壤温度,杀死病原菌,从而达到防治土传病虫害的目的。这种消毒方法要求设备比较复杂,只适合在经济价值较高的作物和苗床上小面积施用。

(三)药剂消毒

播种前后将药剂施入土壤中进行消毒,以防止种子带病和土传病虫害的蔓延。目前常用的药剂消毒方法有以下 6 种:①甲醛消毒法。每平方米用 50 毫升甲醛+水 6～12 升,播种前10～15天用喷雾器在温室内土壤上进行喷洒,用薄膜密闭盖严,播前 1 周揭膜,使药液充分挥发。②多菌灵消毒法。多菌灵杀菌谱广,能防治多种真菌病害,对子囊菌和半知菌引起的病害防治效果很好。每平方米施用 50%多菌灵可湿性粉剂 1.5 克,能有效防治菜豆苗期的多种病害。③百菌清消毒法。每平方米用 45%百菌清烟剂 1 克熏棚 5 小时,能有效地杀灭菜豆保护地内的多种真菌病害。④波尔多液消毒法。每平方米用波尔多液(配比为硫酸铜∶石灰∶水为 1∶1∶100)2.5 千克,喷洒土壤,对菜豆灰霉病、褐斑病、锈病、炭疽病等有明显的防治效果。⑤棉隆消毒法。棉隆是一种广谱性熏蒸杀线虫剂,兼治土壤真菌、细菌、地下害虫及杂草,作用全面而且持久,防治效果达 95%以上。一般每 667 平方米用 98%棉隆 15～20 千克进行撒施或沟施,深度为 20 厘米,施药后立即覆土,并盖地膜密封,熏蒸 10～15 天,揭膜后通风 10 天左右。⑥线克(威百亩)消毒法。把地深翻,做成畦,每 667 平方米随水冲施威百亩 12～15 千克,后盖膜熏闷,连续闷杀 15 天,揭膜放气 2 天,既能杀灭线虫,又能杀灭土壤中病菌。

（四）太阳能石灰氮消毒

石灰氮（氰氨化钙）是一种高效土壤消毒剂，其制品主要有菌线克、庄伯伯、宁夏荣宝等，具有消毒、灭虫、防病的作用。该消毒法应选择在夏季高温、温室休闲期使用，每667平方米用麦秸（或稻草）1 000～2 000千克撒于地面，在麦秸上撒施石灰氮50～100千克，而后翻地20～30厘米深，尽量将麦秸翻入地下，做高30厘米、宽60～70厘米的畦，地面用薄膜密封盖严。畦间浇水，且要浇足浇透。温室用新棚膜完全密封，在夏日高温强光下闷棚20～30天。闷棚结束后将棚膜、地膜揭掉，耕翻土地并晾晒后即可种植。

石灰氮在土壤中分解产生单氰胺和双氰胺，这两种物质对线虫和土传病害有很强的杀灭作用。同时，石灰氮中的氧化钙遇水后放出热量，促使麦秸腐烂，具有良好的肥效。夏季高温时，棚膜保温，加上地热升温，白天地表温度可高达65℃～70℃，10厘米地温高达50℃以上，这样可以有效杀灭土壤中各种病虫害和杂草。

二十三、日光温室菜豆根系培育技术

在温室菜豆生产中，多数人把注意力放到了改善光、温、气等空间条件上，而对于改善土壤环境，培育发达健壮的菜豆根系不够重视。加之近年来化肥的大量不合理使用，导致很多温室的土壤出现板结、盐碱化以及土传病害增多的现象，抑制了菜豆根系的正常生长发育，降低了菜豆的产量和品质。培育日光温室菜豆发达的根系，可以采取以下5项措施。

（一）深翻土壤，增施腐熟的有机肥

深翻土壤是消除土壤板结、增加活土层的基础。在深翻的同时，大量施入充分发酵腐熟的有机肥，不仅可以为菜豆提供长效的

多元素营养,同时还可以改良土壤结构,提高土壤理化性能,为菜豆的生长提供具有良好通透性和缓冲能力的土壤条件。

(二)培育多根苗和保护好幼苗根系

菜豆的基本根系是在育苗期形成的。育苗期间,培育根系发达的秧苗,并在育苗过程和移栽时保护好幼苗根群,不仅可提高成活率,缩短缓苗期,而且可为菜豆早熟高产奠定良好基础。从护根的角度来看,因为菜豆根系木质化程度高,发生木质化时间早,伤根后难以再生,所以采用穴盘、营养钵、塑料筒或纸袋等容器育苗是非常必要的。同时,菜豆茎基部有生不定根的能力,尤其是幼苗生不定根的能力很强,而不定根有助于吸收肥水,因此栽培上常有“点水诱根”之说。在栽培过程中,菜豆茎基部经常形成一些根原基,应采取有效措施,创造适宜诱根的环境,促其根原基发育成不定根,有助于植株生长发育。育苗期间的“炼苗”、定植后的“蹲苗”都可以诱发新根的产生和深扎。

(三)采用科学配方施肥技术

不同的肥料对根系的发生与发展作用是不一样的。例如,钙直接影响根尖分生组织的成长,锌决定根尖的生长速度,磷能促进根系细胞的分裂、增殖和伸展。因此,在苗床、栽培地施肥时都要注意施用过磷酸钙和硫酸锌。如果在使用过磷酸钙肥料时添加一定数量的食用醋,可形成具有一定溶解度的醋酸钙,能提高菜豆对钙的吸收利用率。

(四)注意保护好根系

菜豆根系在其生命过程中会因低温、高温、积盐、肥烧和机械损伤等而受到伤害。低地温时根系会发生寒根和沤根;高地温会使根系过快地衰老;土壤的高溶液浓度会使根尖和根毛受到损伤和抑制，使根系的吸收能力大大降低；施肥不当或不适宜的中耕松土可能会直接使根系受到损伤。因此，在温室菜豆的生产中，应在深翻土壤、增施充分发酵腐熟的有机肥的基础上，适时播种、适期嫁接或定植、适时覆盖和揭除地膜、采用科学配方施肥技术和中耕松土等，都是保护根系的重要措施。

（五）及时促进受害根系的恢复

在温室菜豆的栽培中，其根系一旦受到伤害，应尽快采取措施促使其恢复，要针对发生的病害种类，选用适宜的药剂进行灌根处理，同时加入生根壮苗剂促发新根。此外，在菜豆生产日常管理中，可施用生物菌肥或甲壳素等预防病害的发生。

二十四、菜豆单蔓整枝高产栽培技术

菜豆单蔓整枝技术是一项菜豆高产栽培技术，与传统的不整枝栽培法相比，增产幅度达30%以上。该技术非常适用于保护地生产栽培。

（一）单蔓整枝方法

菜豆单蔓整枝，即在菜豆抽蔓后，除茎基部的休眠芽外，连续摘除菜豆主蔓叶腋的营养芽，避免其生成侧枝。在菜豆爬满架后，及时打顶，并摘除所有萌发的侧芽，经人工控制，使主蔓转入生殖生长，完全进入开花结果阶段的一种高产栽培技术。

（二）单蔓整枝作用

菜豆单蔓整枝具有如下作用：①高产。菜豆经单蔓整枝后，避免了侧枝对营养物质的消耗，促进了光合产物的合理分配，改善了花果的营养状况，减少了落花落果，增产效果显著。②改善了光照条件。菜豆单蔓整枝后，植株不能形成庞大的营养体，不会因头重脚轻，造成田间郁闭而捂烂脚叶。田间通风透光条件良好，植株下部叶片衰老得慢，叶功能期大为延长，光合效率高。③提高了抗逆性。单蔓整枝的菜豆，茎粗叶壮，叶色深绿，抗寒性、抗病性显著增强(生产实践中仅发现有根腐病)，抗风好，无倒架现象。④产品上市早，质量优，采荚期长。单蔓整枝的菜豆打顶后，菜豆由营养生长立即转入了生殖生长，减少了营养生长与生殖生长并进期这个环节，开花早，结荚早，可提前上市 5～10 天。⑤菜豆单蔓整枝后，菜豆主蔓各叶腋上的花枝因顶端优势的作用，自上而下顺序开花、结果。结荚时期，整株的营养集中供应几个花枝，营养充足，荚果肥大而且大小一致，质量优。⑥整株花枝的花蕾开完后，茎基部的休眠芽萌发生长，开花结荚，延长了采荚期。

(三)单蔓整枝栽培技术要点(以早春茬菜豆为例)

1. 品种选择　应选用早熟、耐老、蔓生的品种。

2. 播种技术　3 月上旬直播。地膜覆盖。宽窄行种植，宽行 80 厘米、窄行 40 厘米，穴距 30 厘米，每穴种 2～3 粒种子，双株留苗。每 667 平方米栽 3 700 穴，7 400 株。

3. 大田管理

(1)及时定苗　苗全后及时定苗，每穴只留苗 2 株，去弱留强，去小留大，去病苗留健苗。

(2)中耕除草　苗期进行浅中耕，保持土壤的透气性。若干旱，及时浇水。

(3)及时吊架　抽蔓前用塑料绳吊架。

(4)人工引蔓　当植株抽蔓后，及时进行人工引蔓。如果引蔓过迟会引起“绞蔓”，引蔓应在晴天午后进行，防止折断茎苗。

(5)单蔓整枝　茎蔓爬架后，及时摘除菜豆主蔓叶腋的营养芽，避免其生成侧枝。以后每隔 7～10 天摘除 1 次。菜豆爬满架后，及时打顶，并摘除所有萌发的侧芽，经人工控制，使其转入生殖生长，完全进入开花结荚阶段。

（6）肥水管理 肥水的管理原则是“干花湿荚，前控后促”，即花前少施，花后多施，结荚期重施。肥料品种应氮、磷、钾配合使用，重视增施钾肥。

（7）及时施好上架肥 苗期每667平方米一般施用人、畜粪2 000～2 500千克，开沟施入。

（8）重施花荚肥 菜豆结荚以后，应重点浇水、追肥，一般每667平方米施用45%复合肥25～30千克。结荚期如遇久旱不雨，一般每5～7天浇水1次，保持田间最大持水量为60%～70%。

（9）嫩荚采收 菜豆一般在开花后10～15天进入采收期。采收的标准是：豆荚颜色由绿转为白绿，表面有光泽，种子籽粒尚未显露。一般1～2天采收1次，做到勤摘勤售。

二十五、日光温室菜豆去病枝再生技术

灰霉病是日光温室菜豆常见的一种病害。近年来，随着日光温室菜豆栽培面积的不断扩大，该病害呈加重趋势。经调查，田间病株率为20%～30%，一般造成减产40%左右，严重者绝收。为改变这种现状，在对该病症状和发病规律进行不断研究的基础上，寿光市农业高科技示范园于2002～2003年进行了菜豆去病枝再生新技术试验，并取得了成功。其再生技术如下。

（一）剪除病枝

对剪枝用的剪刀用50%腐霉利可湿性粉剂1 500倍液浸泡进行消毒处理，而后将感染上灰霉病的病枝、病茎从侵染病位向下5～10厘米处剪掉，同时摘除病叶、病荚并带出田外及时销毁，减少病原。

(二)剪除病枝后的管理

将病枝、茎剪掉后，要严格加强日光温室内的温、湿度管理，保温降湿。为彻底消除病菌，用75%百菌清可湿性粉剂600倍液+50%腐霉利可湿性粉剂1 500倍液在日光温室内均匀喷雾，同时可加入纳米磁能液(黑龙江农王磁能新型生物肥料有限公司生产)2 500倍液或爱农植物生长调节剂3 000倍液，促进新枝生长，可隔7～10天重喷1次。

采用此项技术后，一般晚采收约20天，但后期植株发达，长势健壮，并不影响产量。该项技术对濒临绝收的日光温室菜豆是一项较好的补救措施。

第八章 日光温室菜豆病虫害防治技术

一、侵染性病害

(一)菜豆锈病

【症　状】 主要危害叶片,严重时也可危害茎和荚果。叶片染病,叶面初现边缘不清楚的褪绿小黄斑,后中央稍突起成黄白色小疱斑,即病菌未发育成熟的夏孢子堆。其后,随着病菌的发育,疱斑明显隆起,颜色逐渐变深,终致表皮破裂,散出近锈色粉状物(夏孢子团),严重时锈粉覆满叶面。在植株生长后期,夏孢子堆及其四周出现黑色冬孢子堆,散出黑色粉状物(冬孢子团)。

【发病条件】 病菌随病残体在土壤中越冬,借助气流传播。高温、高湿容易发病,通风不良、种植过密发病重。

【防治方法】 ①通风散湿,合理密植。②药剂防治。发病初期可选用25%三唑酮可湿性粉剂2 000倍液,或20%硫磺·三唑铜悬浮剂1 000倍液,或75%百菌清+70%代森锰锌(1∶1)800～1 000倍液,或40%多硫悬浮剂400倍液,或70%多菌灵可湿性粉剂1 000倍液喷洒3～4次,每隔7～10天喷1次,交替喷施,喷匀喷足。

(二)菜豆红斑病

【症　状】 叶片染病,病斑近圆形至不规则形,有时受叶脉限制沿脉扩展,大小为2～9毫米,呈红色或红褐色,背面密生灰色霉层。严重时侵染豆荚,形成较大红褐色斑,病斑中心黑褐色,后期密生灰黑色霉层,影响食用。

【发病条件】 以菌丝体和分生孢子在种子或病残体中越冬,成为翌年初侵染源。该病在生长季节危害叶片,经分生孢子多次再侵染,病原菌大量积累,遇有适宜条件即流行。高温、高湿有利于该病的发生和流行,尤以秋季多雨连作地发病重。

【防治方法】 ①选无病株留种,播前用45℃温水浸种10分钟进行消毒。②发病地收获后进行深耕,有条件的实行轮作。③发病初期喷洒75%百菌清可湿性粉剂600倍液,或50%混杀硫悬浮剂500～600倍液,或14%络氨铜水剂300倍液,或1∶1∶200波尔多液,每隔7～10天喷1次,连续喷2～3次。

(三)菜豆灰霉病

【症　状】 灰霉病对日光温室等保护地菜豆危害严重。首先从根茎以上15厘米左右处开始出现云纹斑,周围深褐色,斑中部浅棕色至浅黄色,干燥时病斑表皮破裂呈纤维状,潮湿时病斑上生一层灰毛霉层。在蔓茎分枝处发病也较多见,使分枝处形成小溃斑、凹陷,继而萎蔫。苗期子叶受害时,呈水渍状变软下垂,最后子叶边缘出现清晰的白灰霉层,即病原菌的分生孢子梗及分生孢子。结荚期,在菜豆谢花时,如湿度大,分生孢子侵染萎蔫的花冠,造成落荚。分生孢子侵染叶片时,出现直径为1～2厘米的水渍状不规则形暗褐色大斑块。

【病原物】 菜豆灰霉病的病原菌与番茄的病原菌相同,分生孢子聚生,无色单胞,两端差异大,状如水滴。孢子梗浅棕色,多隔膜。

【发病条件】 在适宜的温、湿度条件下,病原菌产生大量菌核。菌核有较强的抗逆能力,在田间存活很长时间,一旦遇到适合的温、湿度条件,即长出菌丝或孢子梗,直接侵染植株,传播危害。此菌随病株残体、水流、气流以及操作人员农具、衣物传播,腐烂的病荚、病叶以及败落的病花落在植株健康部位即可引起发病。

菌丝在4℃～32℃下均可生长，最适温度为13℃～21℃。病菌产生孢子的温度较广，1℃～28℃均可产生孢子，最适宜温度为21℃～23℃。如空气相对湿度为90%以上，孢子飞散，传播病害。孢子发芽温度为5℃～30℃，最适温度为13℃～29℃。孢子萌发需较高的空气湿度，空气相对湿度低于90%时，孢子不萌发。病菌侵染一般先削弱寄主病部抵抗力，随后引起腐烂发霉。日光温室生产只要具备空气湿度高和20℃左右的气温，灰霉病极易流行。

【防治方法】 由于灰霉病侵染速度快，潜育期较长，病菌又易产生抗药性，较难防治。目前最好采用农业防治与化学防治相结合的综合防治措施。加强温室环境调控，适时施用肥水，加强通风排湿，控制适宜的温度，有利于控制病害的发生和扩展。及时摘除病叶、病荚，并带出棚外彻底销毁、深埋。当出现零星病叶时，应及时喷药防治。常用的药剂有50%腐霉利可湿性粉剂1 000～1 500倍液，或50%异菌脲可湿性粉剂1 000～1 200倍液。每隔5～7天喷1次，连喷2～3次。生产实践证明，喷粉效果比喷雾好，其投资小，时效长。每667平方米用5%乙霉威1.5千克喷粉，可控制发病。

(四)菜豆菌核病

【症　状】 该病主要发生在日光温室栽培的菜豆上。发病时，首先是近地面茎基部或第一分枝处开始受害。受害部位初为水浸状，逐渐呈灰白色，皮层组织发干萌裂，呈纤维状。空气湿度大时，在茎的病组织中腔部分有黑色菌核。蔓生架菜豆从地表茎基部发病，可使整株萎蔫死亡。

【病原物】 菌核球形或豆瓣形，直径为1～10毫米不等，可生子囊盘1～20个。病菌在病残体、堆肥、种子上以菌核越冬，不产生分生孢子。子囊成熟后，遇到空气湿度变化，即将囊中孢子射出，随着气流传播。菌核有时会直接产生菌丝。病株上生长的菌丝有较强的侵染力，成为再侵染源而扩大传播。菌丝的发展使被害部位腐烂。菜豆菌核病在温室内没有越冬过程，传播、侵染机会更多，是多发、重发病害之一。

【发病条件】 菜豆菌核病在较冷凉潮湿的条件下发生，适温为 5℃～20℃，最适温度为 15℃。子囊萌发的温度范围更广，在 0℃～30℃下均可萌发，而以 5℃～10℃最适宜。菌丝生长温度为 0℃～30℃，在 20℃下生长最快。菌核生长要求温度和菌丝一致，但菌核在 50℃条件下经 5 分钟即死亡。

菜豆菌核病菌对湿度要求比较严格，在潮湿的土壤中，能存活 3 年以上。但菌核萌发时要求一定的水分和冷凉的气候条件。在菜豆植株上发病时，要求空气相对湿度为 100%，持续时间 16～24 小时，否则不能侵染。温室栽培菜豆，在低温、阴雨、通风量小、植株柔嫩的情况下，极易发生菌核病。

【防治方法】 ①选留无病种子。对种子进行消毒，用 55℃温水烫种 15 分钟，杀死种皮上的菌核。②轮作、深耕与土壤处理。收获后深翻，把残留田间的菌核翻入地表 10 厘米以下。每 667 平方米普施 1.5 千克敌磺钠可溶性粉剂进行土壤处理。③及时清除田间杂草、烂叶、老叶和病株。④铺盖地膜，合理施肥，利用地膜阻挡土壤中的子囊盘出土。避免偏施氮肥，增施磷、钾肥。⑤药物防治。一般在发病初期结合清除病残株体喷洒 40%菌核净可湿性粉剂1 500～2 000 倍液，或 50%甲基硫菌灵可湿性粉剂 500 倍液，或 25%多菌灵可湿性粉剂 400～500 倍液。每隔 10～12 天喷 1 次，连喷 3～4 次。

(五)菜豆炭疽病

【症　状】 叶片上的炭疽病病斑多循叶脉与叶柄发展，初生暗褐色多角形小斑,叶脉由褐色变黑色。茎上病斑稍凹陷、龟裂。豆荚上出现褐色凹陷斑,潮湿时病斑上产生粉红色黏质物。

【病原物】 豆小丛壳菌,属于子囊菌亚门真菌,无性态为菜豆炭疽菌。分生孢子盘黑色,埋于表皮下,后突破表皮外露,圆形或近圆形。盘上散生黑色刺状刚毛。分色孢子梗短小,单胞,无色,密集在分生孢子盘上。分生孢子圆形或卵圆形,单胞,无色,两端较圆,或一端稍狭,孢子内含 1～2 个近透明的油滴。病菌生长发育适温为 21℃～23℃,最高为 30℃,最低为 6℃,分生孢子 45℃经 10 分钟致死。

【发病条件】 主要以菌丝在受病种子上越冬,也能随病残体在土表越冬。

【防治方法】 ①选用无病种子。②田间发现病株后及时喷药,常用的药剂有 75%百菌清可湿性粉剂 600 倍液、50%多菌灵可湿性粉剂 500 倍液、50%甲基硫菌灵可湿性粉剂 500 倍液、70%甲基硫菌灵可湿性粉剂 800 倍液+75%百菌清可湿性粉剂 800 倍液等。一般每隔 5～7 天喷 1 次,连喷 2～3 次。喷药时注意叶背、叶面都要喷到。

(六)菜豆绵疫病

【症　状】 该病主要危害豆荚,茎和叶片也被害。在豆荚上初生水浸状圆形或近圆形、黄褐色至暗褐色、稍凹陷的病斑,边缘不明显,扩大后可蔓延至整个果面,内部褐色腐烂。潮湿时斑面产生白色棉絮状霉。病荚落地,或残留在枝上失水变干后形成僵果。叶片病斑圆形,水渍状,有明显轮纹;潮湿时边缘不明显,斑面产生稀疏的白霉(孢子囊及孢囊梗);干燥时病斑边缘明显,不产生白霉。花湿腐,并向嫩茎蔓延,病斑褐色、凹陷,其上部枝叶萎蔫下垂;潮湿时,花茎等病部产生白色绵状物(病菌菌丝体及孢子囊)。

【病原物】 由真菌茄疫霉侵染所致。病菌主要以卵孢子随病残体在地上越冬。萌发时产生孢子囊,借雨水溅到果实上侵染危害,而后在病斑上长孢子囊,通过风雨传播。孢子囊萌发时产生流动孢子或直接产生芽管,进行再侵染。

【发病条件】 发育最适温度为30℃,空气相对湿度为95%以上菌丝体发育良好。在高温范围内,温室内的湿度是认定病害发生与否的重要因素。此外,重茬地、地下水位高、排水不良、密植、通风不良,或保护地撤棚膜后遇下雨,或棚膜滴水而造成地面潮湿的,均易诱发本病。

【防治方法】 ①与其他作物轮作3～4年。②加强田间管理。易渍水地可实行高畦种植。及时摘除病荚,杜绝病菌蔓延。③喷洒杀菌剂75%百菌清500～800倍液,或65%代森锌500倍液,或58%甲霜·锰锌600倍液,或72%霜脲·锰锌600～800倍液,或72%霜霉威水剂800倍液,或78%波·锰锌600倍液。每隔10天左右喷药1次,共喷2～3次。喷药时着重喷洒下部果实。

(七)菜豆根腐病

【症　状】 该病主要危害根部和地下茎基部,开始产生水渍状红褐色斑,后来变为暗褐色或黑褐色,稍凹陷,后期病部有时开裂,或呈糟朽状。主根被害腐烂或坏死,侧根稀少,植株矮化,容易拔出,剖视根茎部维管束变褐色或黑褐色,但不向地上部发展(典型症状,区别于枯萎病)。严重时,主根全部腐烂,茎叶枯死。潮湿时,茎基部常生粉红色霉状物。

【发病条件】 由半知菌亚门、镰孢菌属的腐皮镰孢菌侵染。以菌丝体和厚垣孢子在病残体、厩肥和土壤中越冬。靠病土、带菌肥料、农具、雨水和灌溉水等传播。从根部或地下茎基部伤口侵入。发病适温为24℃,空气相对湿度为80%以上。高温多雨,田间积水,湿度大时发病重。如果地下害虫多,密度大,成虫伤口多,有利于病菌侵入。施带病残体有机肥,连作发病重。

【防治方法】 ①苗床处理。用新苗床或用大田土或炭土育苗。也可每平方米用50%多菌灵可湿性粉剂或50%苯菌灵可湿性粉剂8克消毒苗床。②土壤消毒。播种(直播)前或定植前,每667平方米可用50%多菌灵可湿性粉剂5千克,或50%苯菌灵可湿性粉剂4.5千克加细土50千克,拌匀后把药土施入播种沟或定植穴内,再撒一层薄薄的细土,而后播种或定植豆苗。③栽培管理。与十字花科、百合科蔬菜轮作3～5年。做高畦或半高畦栽培,疏沟培土。浇水不宜过多,防止大水漫灌,施腐熟有机肥,增施磷、钾肥,勤松土除草。及时把病秧带出田外深埋或烧毁,并在病株栽植穴及其四周撒布生石灰消毒。④药剂防治。病害刚发生时,选用70%甲基硫菌灵可湿性粉剂1000倍液,或75%百菌清可湿性粉剂600倍液喷雾,重点喷茎基部。每隔7～10天喷1次,共喷2～3次。也可用上述药剂,或12.5%治萎灵(络氨铜)水剂200～300倍液,或60%防霉宝(多菌灵盐酸盐)可湿性粉剂500～600倍液,或50%多菌灵可湿性粉剂500倍液,或根腐灵300倍液灌根,每株(穴)灌250毫升,隔10天后再灌1次。

(八)菜豆枯萎病

【症　状】 菜豆枯萎病是菜豆的主要病害之一。发病初期症状不明显,仅表现植株矮小,生长势弱,到开花结荚才显出症状。开始植株下部叶片变黄、叶缘枯萎,但不脱落。若拔出植株解剖后系统观察,可见茎下部及主根上部有黑褐色伤口状稍凹陷。维管束变为暗褐色,中间脊髓枯竭并发白。当维管束全部变褐时,植株死亡。

【病原物】 病原菌菌丝白色,棉絮状,小型分生孢子无色,卵形。大型分生孢子无色镰刀形。厚垣孢子无色或黄褐色,球形,单胞生或串生。

病原菌主要以菌丝、厚垣孢子和菌核在病残株、土壤和带病的肥料中越冬,成为翌年的初侵染源。病原菌主要通过根部伤口或根毛顶端细胞侵入,先在薄壁组织内生长,后进入维管束,在导管内发育,迅速随水分输送扩展到植株顶端。由于病原菌繁殖堵塞了导管,引起植株萎蔫。病株的病部表面及内部均有大量孢子,多靠水流进行短距离传播,扩大危害。

【发病条件】 该病发生与温、湿度有密切关系,发病的最适宜温度为24℃~28℃,空气相对湿度为80%。低洼地势,平畦种植,大水漫灌,肥力不足,管理粗放是诱发此病的主要因素。特别是在温室栽培,减轻了病原菌越冬的困难,发病尤为严重。

【防治方法】 选择抗病优良品种,实行轮作倒茬,避免连作。采用营养钵护根育苗,以减少病原菌侵染机会。实行土壤消毒,每667平方米可用50%多菌灵悬浮液2.5千克对水250升,均匀灌下,待药水渗完后播种或定植。

(九)菜豆细菌性叶斑病

该病又称细菌性褐斑病。

【症　状】 主要危害叶片和豆荚。叶片染病,初始在叶面上生红棕色不规则或环形小病斑,叶斑边缘明显,叶背面的叶脉颜色变暗,叶斑扩展后病斑中心变成灰色且容易脱落呈穿孔状。豆荚染病,其症状与叶片相似,但荚上的斑较叶斑小。

【发病条件】 病菌可在种子及病残体上越冬,借风雨、灌溉水传播蔓延。病菌发育适温为25℃~27℃,48℃~49℃经10分钟致死。从苗期至结荚期,阴雨或降雨天气多发,雨后易见此病发生和蔓延。

【防治方法】 ①选用抗病品种播前进行消毒处理,用72%农用链霉素600倍液或90%新植霉素1 000倍液浸种12小时。这是防治该病的主要措施。生产实践证明,高产早熟的品种抗病性差。目前推广使用的抗病品种有秋抗19号、春丰4号、老来少等。

②实行轮作制。菜豆细菌性疫病的病原物在土壤中只能存活1～2年，因此实行隔年轮作防病效果比较显著。实行轮作制是经济有效的防病措施。③改变种植模式。一是改使用普通农膜为无滴膜。二是改平畦种植为双高垄地膜的方式，双高垄宽90厘米、高10厘米，使用幅宽1.2米的地膜覆盖。三是改种子直播为育苗移栽，剔除病株、徒长株、老化苗。育苗时要采用纸钵作为护根措施，苗龄为25～30天。四是增施基肥，施用充分腐熟的优质有机肥，每667平方米施用5 000～6 000千克，其中2/3作撒施，1/3集中施。使用酵素菌或根瘤菌肥作种肥，每栽种667平方米用量为1千克。追肥时要注意增施钾肥和磷肥，避免偏施氮肥。在第二次追肥时一般每667平方米使用复合肥20千克，以后氮肥和复合肥交替使用。④加强温室内管理。一是温度管理。由于菜豆细菌性疫病在24℃～32℃且高湿的条件下容易发生，而温度过高或过低时发病受到抑制，因此在该病流行季节，应适当降低温度，以22℃～25℃为宜。早晨揭盖草苫时不宜过早，一般在见到直射光后才揭草苫，这样可迅速提升室内温度，降低室内湿度，有利于防病。二是湿度管理。早春季节宜少浇水、浇浅水有利于壮秧。浇水时宜浇在地膜下。注意及时排湿，一般要进行2～3个换气量。换气时可以点燃湿草制造烟雾作为换气标志。在烟雾充满菜豆冠层以上的日光温室空间时，打开通风口进行排烟，排烟完毕即为1个换气量。三是增施二氧化碳肥。增施二氧化碳不但可以明显地减轻病害发生，而且具有防止落花落荚的作用。寿光市菜农常用的二氧化碳施肥方法是：将1∶3的稀硫酸装入塑料容器中，然后投入碳酸氢铵。二氧化碳施肥浓度为1 000毫升/米^3，每次投放的碳酸氢铵数量可以根据温室的大小进行计算。一般每667平方米每次使用碳酸氢铵3～4千克。⑤药剂防治。在发病季节或植株发病初期，用72%硫酸链霉素可溶性粉剂3 000～4 000倍液喷雾，或用90%新植霉素可溶性粉剂4 000倍液喷洒，或用农用氯霉素

3 000 倍液喷雾防治，每隔 5～7 天喷 1 次，连续喷 2～3 次。

(十)菜豆细菌性疫病

【症　状】 菜豆疫病属细菌性病害，主要危害叶片、茎蔓、豆荚和种子。叶片染病从叶尖或叶缘开始，又称缘枯病。初呈暗绿色、油渍状小斑点，扩大后呈不规则形，病变部位变褐而干枯、薄而半透明状，周围出现黄色晕圈，并溢出浅黄色菌脓，干燥后呈白色或黄色菌膜。病重时，叶上病斑相连，皱缩脱落。茎部发病时，病斑呈红褐色溃疡状条斑，中央凹陷，当病斑围茎一周时，便萎蔫死亡。豆荚病斑圆形或不规则形，红褐色，最后变为褐色，中央稍凹陷，有浅黄色菌脓，严重时全荚皱缩。种子受害时种皮也出现皱缩。

【病原与发病条件】 病原菌的菌体均系短杆状。病原菌随病残体遗落在田间，或潜藏在种子内部越冬，成为侵染源。在温室栽培条件下，病原菌越冬更为有利。种子发芽时，病原菌侵入子叶或茎部，产生或不产生菌脓，病菌可沿输导管向全株扩展，致使寄主矮缩或枯萎。菌脓借风雨或昆虫传播，经气孔、水孔或伤口侵入，引起茎、叶发病。气温为 24℃～32℃、叶面有水滴是该病发生的重要温、湿条件。露地一般在多雨、多雾、露珠重的条件下发病重。在温室条件下，栽培管理不当，大水漫灌，或肥水不足，偏施氮肥，植株徒长，或密度过大，均易诱发此病。

【防治方法】 参阅前述菜豆细菌性叶斑病的防治。

(十一)菜豆细菌性晕疫病

【症　状】 该病主要侵害叶片，初始在上部叶片或新生叶上出现不规则水浸状斑点，以后在斑点周围出现直径 0.5～1 厘米的晕圈，斑上常有菌脓溢出。叶脉染病致叶脉坏死，易穿孔或皱缩畸形。豆荚染病初现水浸状斑点，后变褐干缩下陷，斑面渗出菌脓，或病斑中央枯死点小，但周围晕圈宽，以此区别于细菌性疫病。

【发病条件】 该病主要通过种子传播。据有关研究，种子带菌率为0.02%，就可造成该病流行。生长期内该病主要通过气孔或机械伤口侵入，有时能造成系统侵染。除菜豆外，该病还可侵染大豆等豆科植物。冷凉、潮湿地区易发病。在16℃～20℃较低温度下，潜育期为2～3天，且症状典型。在28℃～32℃的高温条件下，潜育期长达6～10天，病状轻微，晕圈消失，但寄主内病原菌数量较多。

【防治方法】 参阅前述菜豆细菌性叶斑病的防治。

(十二)菜豆花叶病

【症　状】 该病在田间表现为系统花叶或在感病的菜豆品种上形成明显的花叶或产生褪绿带和斑驳，形成矮化或叶片扭曲。引起菜豆花叶病毒的种类很多，有时发生混合侵染而产生不同的症状。

【病原物】 病原为番茄花叶病毒，属菜豆花叶病毒组病毒，病毒粒体呈球状，直径为27～30纳米。稀释限点为100～100 000倍液，致死温度为50℃～60℃，体外存活期为3～6天。能侵染菜豆、豇豆、大豆、番茄和芹菜等，均可致病，各自表现为不同症状。还可局部侵染番茄和菜豆。

【发病条件】 棉蚜和桃蚜进行非持久性传毒或口针带毒，即蚜虫在感染植株上取食不足1分钟，即可传染到健株，且没有潜伏期。在田间TAV可以经健株中存在的病株而自然传播，可在室外菊花苗床、田间和草地杂草上越冬，再通过蚜虫传到寄主上。

【防治方法】 ①选用抗病品种。②防治传毒蚜虫，可喷洒5%啶虫脒乳油1 500倍液、50%抗蚜威可湿性粉剂2 000～3 000倍液。棉蚜对抗蚜威有抗性，也可选用黄皿或银灰膜等物理避蚜法。③加强田间管理，及时除草，以减少毒源。④发病初期，喷洒

7.5%菌毒·吗啉胍水剂700倍液,或3.95%三氮唑核苷·铜锌可湿性粉剂700倍液,或0.5%菇类蛋白多糖水剂300倍液,或20%吗胍·乙酸铜可湿性粉剂500倍液,可视病情防治1～2次,间隔5～8天。

(十三)菜豆根结线虫病

【症　状】 菜豆根结线虫主要危害菜豆根部,使根部多出现肿大畸形,呈鸡爪状。在菜豆的须根及侧根上出现虫害时,切开根结有很小的乳白色线虫藏于其中,根结上生出的新根会再度染病,并形成根结状肿瘤。发病严重的植株形态矮小,发育不良,甚至早衰枯死。菜豆根结线虫危害时,菜豆地上部症状不明显,一般表现为植株黄化,出现不同程度的矮小,生育不良,结荚少,干旱时中午萎蔫或枯死。土壤干燥、质地疏松的日光温室适宜线虫活动,发病严重;长年连作的日光温室亦发病严重。菜豆根结线虫多分布于作物根系所在区域,大多在3～10厘米的表土层活动。

【防治方法】 ①农业防治。一是选用无病土壤育苗,施肥时施用腐熟的无病原线虫的有机肥作基肥,挑选健壮且无病苗定植;收获后及时清除病株、病根残体,注意将病根晒干集中烧毁。二是发生过菜豆根结线虫病的病田,要实行轮作倒茬,可以与大葱、大蒜等非豆科作物轮作,轮作期3年以上;以抑制、降低土壤中线虫基数,减轻对下茬的危害。三是在日光温室夏季休闲季节进行土壤消毒处理,每667平方米施入生石灰60～70千克,连续保水20天左右,同时至少密闭温室2周进行高温消毒处理,使30厘米内的土层温度达50℃,保持40分钟以上,可收到较好的防治效果。四是搞好田间管理,合理浇水施肥,以提高菜豆植株抗病能力。在根结线虫发生严重的区域,要及时将病株整株拔除,并带出生产田暴晒或焚烧处理,同时对病株区域要立即进行药剂处理。②化学药剂防治。对根结线虫发生严重的菜豆田块,取1千克菖敌克(有效成分淡紫拟青霉菌），先用3～5升水稀释浸泡12小时以上（可以头天晚上浸泡，翌日早上再使用），确保菩敌克的有效物质从载体中充分析出水中，再加水150升稀释后灌根。150千克菩敌克稀释液可灌菜豆1 000株左右，防治效果比较理想。也可在播种或定植前15天，每667平方米用10％噻唑磷颗粒剂3～5千克与细土拌匀撒施后再耕翻入土；或采用条施或沟施，在定植行中间开沟，每667平方米施入该药剂2～3.5千克，然后覆土踏实，形成药带。还可每667平方米用该药剂1～2千克实行穴施，施药后应注意拌土，以防止植株根部与药剂直接接触。最后，还可用50％辛硫磷乳油1 500倍液对菜豆进行灌根，每株灌药0.25～0.5千克，熏杀土壤中的根结线虫。

（十四）菜豆红根

【症　状】　从植株的生长势来看，底部叶片自下而上开始出现叶片发黄变薄，植株生长势较弱，菜豆根系出现发红或干瘪的症状，根系很少或没有新根，有的根系主根上有红色的条状病斑。植株生长缓慢，发病严重的对菜豆的坐荚影响较大，出现落花落荚的情况。

【发病条件】

1. 沤根　多为浇水过多而出现土壤湿度过大，致使土壤中的透水透气性较差，不利于根系的正常生长，根系生长不良，从而出现根系不发达的情况，俗称“沤根”。严重时，导致整个根系脱皮或毛细根减少。

2. 烧根　主要分为施肥和施药引起的两种烧根。由于冲施肥料时施肥过多或不合理，导致根系生长不良而出现烧根。少量烧根与基肥中的有机肥没有完全腐熟有关。此外，由于在定植时穴施防治红根的杀菌剂或防治线虫的药剂过多或撒施不均匀，也会因药剂量过重而导致植株烧根。

3. 种植过密 有的穴种植5～7粒种子，植株之间出现营养竞争引起红根，一般的菜豆植株都是先出现伤口后感染病菌而出现红根情况。

4. 地温过低 在地温过低的情况下，不能保证根系生长所需要的适宜地温，从而导致根系生长差，不易生出毛细根，也易出现根部发红的情况。

5. 根腐病 豆类根系在湿度过大的情况下易被根腐病菌侵染，从而出现根部病害导致红根。

6. 炭疽病 豆类根系因感染炭疽病病菌而出现红根，一般在地表面以上的茎蔓伴随出现红色的凹陷斑，叶片背面叶脉有红色线状斑等。

【防治方法】

1. 灌根 每隔半个月至1个月左右，用甲基硫菌灵50。倍液或噁恶霉灵600倍液或溴菌腈800倍液＋生根剂灌一次根。注意用量要大，成株期每株可灌200～250毫升药液，要注意发病棵周围的植株要连续灌根2～3次，才能有效控制住病害的发展。

2. 浇水施肥 浇水要小水勤浇，施肥要少量多次，施用腐殖酸类肥料或促根的肥料，可最大限度地保证根系的正常生长。注意减少化学肥料的施用量，以避免伤根或烧根，同时可减少地温过低造成的根系生长不良。

3. 叶面喷肥 喷洒含有钙、镁、铁等中微量元素叶面肥，可促使叶片正常生长，在一定程度上也可以提高植株对不良环境条件的抗性。

4. 拔除病株 及时拔除发病的植株，同时将生石灰撒到病穴周围的土壤中，以杀死病菌，避免出现菜豆黄萎病的大面积侵染危害。

5. 穴施药剂 将噁霉灵进行拌土处理，一般将30％噁霉灵、土壤按1∶10的比例进行混合处理。注意药量不宜过大，以免造成药害。

6. 适当稀植　稀植可避免菜豆根系之间的竞争。要保障菜豆的营养供应，为菜豆根系提供适宜的生长环境。

二、虫　害

（一）白粉虱

白粉虱又名白飞虱，属同翅目粉虱科。20 世纪 70 年代后期，随着日光温室等保护地蔬菜面积的扩大，该虫的发生与分布呈扩大蔓延趋势。目前我国大部分地区都有白粉虱发生与为害，该虫已成为温室栽培蔬菜的重要害虫。

【为害症状】　白粉虱主要以成虫和若虫群集在叶片背面吸食植物汁液，使叶片褪绿、变黄、萎蔫甚至枯死，影响作物正常的生长发育。同时，成虫所分泌的大量蜜露堆积于叶面及荚果上，引起煤污病的发生，严重影响菜豆的光合作用和呼吸作用，使菜豆的产量和品质大为降低。此外，该虫还能传播某些病毒病。

【发生规律】　白粉虱在日光温室条件下 1 年可发生 10 余代，能以各种虫态在日光温室蔬菜上越冬，继续进行为害。5～6 月份虫口密度增长比较慢，7～8 月份虫口密度增长较快，8～9 月份为害最严重。10 月下旬以后由于气温下降，虫口数量逐渐减少，并开始向日光温室内迁移，进行为害或越冬。白粉虱成虫对黄色有强烈趋性，但忌白色、银白色，不善于飞翔。在田间先一点一点地发生，然后逐渐扩散蔓延。田间虫口密度分布不均匀，成虫喜群集于植株上部嫩叶背面并在嫩叶上产卵。随着植株的生长，成虫不断向上部叶片转移，因而植株上各虫态的分布形成了一定的规律：最上部嫩叶，以成虫和初产的浅黄色卵为最多，稍下部的叶片多为深褐色的卵，再下部依次为初龄若虫、老龄若虫和蛹。成虫羽化时间集中于清晨。雌成虫交尾后经 1～3 天产卵。卵多产于叶背面，以卵柄从气孔插入叶片组织内，与寄主保持水分平衡，极不易脱落。每头雌虫产卵 120～130 粒，最多可产卵 534 粒。白粉虱成虫活动最适温度为 25℃～30℃，卵、高龄若虫和蛹对温度和农药抗逆性强，一旦作物上各虫态混合发生，防治就十分困难。

【防治方法】

1. 农业防治 一是培育无虫苗。定植前对日光温室进行消毒。每 667 平方米日光温室用 80％敌敌畏乳油 0.4～0.6 千克熏杀，或用 10％吡虫啉可湿性粉剂 1 000 倍液喷雾。二是作物种植要合理布局。在温室附近的露地避免栽植瓜类、茄果类、菜豆类等白粉虱易寄生、发生的蔬菜，提倡种植白粉虱不喜食的十字花科蔬菜。温室内避免与苦瓜、番茄等混栽，防止白粉虱相互传播而加重为害和增加防治难度。三是在温室通风口密封尼龙纱，控制外来虫源。虫害发生时，结合整枝打杈，摘除带虫老叶，携出棚外埋入土中或烧毁。

2. 物理防治 利用白粉虱趋黄的习性，在白粉虱发生初期，将涂有机油的黄色板置于温室内高出菜豆植株处，诱杀粉虱成虫。

3. 生物防治 温室内蔬菜的白粉虱发生量为 0.5～1 头/株时，可释放丽蚜小蜂，每株可释放 3～5 头，每隔 10 天左右放 1 次，共释放 3～4 次，使丽蚜小蜂的寄生率达 75％以上，其控制白粉虱的效果较好。

4. 药剂防治 一是烟雾法。每 667 平方米日光温室用 22％敌敌畏烟剂 0.5 千克，于傍晚闭棚熏烟；或每 667 平方米用 80％敌敌畏乳油 0.4～0.5 千克，浇洒在锯木屑等载体上，再加几块烧红的煤球熏烟。二是喷雾法。可用 3％啶虫脒乳油 1 000 倍液，或 10％吡虫啉可湿性粉剂 1 000 倍液，或 2.5％联苯菊酯乳油 2 000 倍液，或 2.5％联苯菊酯乳油 3 000 倍液，或 20％甲氰菊酯乳油 2 000 倍液，或 80％敌敌畏乳油 1 000 倍液喷洒，每隔 5～7 天喷洒

1次，连续喷洒3～4次。由于白粉虱世代重叠，在同一时间同一作物上存在各种虫态，而当前使用的药剂没有对所有虫态均适用的种类，所以在药剂防治上必须连续几次用药，才能取得良好防效。

(二)蚜　虫

蚜虫俗称蜜虫、油虫等，属同翅目蚜科。蚜虫是世界性的害虫，在我国也遍布各地。

【为害症状】 蚜虫的成虫及若虫栖息在叶片背面和嫩梢嫩茎上吸食汁液。嫩叶及生长点被害后，植株提前枯死，因而大大缩短了结荚期，严重降低了菜豆产量。此外，蚜虫还能传播病毒病。

【发生规律】 蚜虫无滞育现象，只要具有蚜虫生长繁殖的条件，蚜虫可周年发生。蚜虫可在北方冬季日光温室蔬菜上继续繁殖，当春季气温稳定在6℃以上时，蚜虫越冬卵开始孵化。越冬卵孵化一般多与越冬寄主叶芽的萌芽相一致。当气温达12℃时，冬寄主上行孤雌胎生繁殖2～3代。4月份至5月初，产生有翅胎生雌蚜，从冬寄主迁飞到温室内繁殖为害。秋末冬初气温下降，不适于蚜虫生活时，蚜虫就产生有翅蚜，逐渐有规律地向冬寄主转移。蚜虫活动繁殖的温度为6℃～27℃，16℃～22℃最适于其繁殖。蚜虫繁殖速度与气温关系密切，夏季4～5天繁殖1代，春秋季10余天繁殖1代，在冬季温室内的蔬菜上6～7天繁殖1代。每头雌蚜可产若蚜60～70头，且世代重叠严重，因此蚜虫发展迅速。蚜虫具有较强的扩散能力，其扩散主要靠有翅蚜的迁飞、无翅蚜的爬行及借助于风力或人力的携带。干旱气候有利于蚜虫的发生，夏季在温度和湿度适宜时，也能大量发生。一般离蚜虫越冬场所和越冬寄主植物近的日光温室受害重。有翅蚜对黄色有趋性，对银灰色有负趋性。有翅蚜迁飞还能传播病毒。蚜虫的天敌很多。在捕食性天敌中，蜘蛛占有绝对优势，占天敌总数的75%以上。此外，瓢虫、草蛉、食蚜蝇、蚜茧蜂等都是蚜虫的天敌。

【防治方法】 ①生物防治。有条件的地方可人工助迁或释放瓢虫(以七星瓢虫为好)和草蛉，用以消灭蚜虫。②物理防治。育苗时小拱棚上覆盖银灰色薄膜，定植后日光温室四周挂银灰膜条，温室的通风口设置纱网，以减少蚜虫迁入。用30厘米×60厘米的木板或纸板漆成黄色，涂上机油，均匀地插于温室内，可诱杀有翅蚜，从而减轻蚜虫为害。③药剂防治。一是烟雾法。每667平方米用22%敌敌畏烟剂0.5千克或灭蚜宁0.4千克分放4～5堆，用暗火点燃，闭棚熏烟3～4小时。二是喷雾法。用10%吡虫啉可湿性粉剂1000倍液，或2.5%高效氟氯氰菊酯乳油3000倍液，或20%氰戊菊酯乳油3000倍液，或2.5%联苯菊酯乳油3000倍液，或5%鱼藤精乳油500倍液喷雾。喷雾时注意将喷嘴对准叶背，将药液尽可能喷到蚜虫上。为避免蚜虫产生抗药性，可轮换使用不同类型的农药。

(三)美洲斑潜蝇

美洲斑潜蝇又称蔬菜斑潜蝇、甘蓝斑潜蝇，属双翅目潜蝇科。

【为害症状】 美洲斑潜蝇以幼虫蛀食叶片正面和背面表皮间的叶肉为主，形成黄白色蛇形斑“坑道”，长达30～50毫米，宽3毫米。成虫产卵取食也造成伤斑。虫体的活动还能传播病毒。

【发生规律】 该虫在日光温室内全年都能繁殖。美洲斑潜蝇成虫大部分在上午羽化，羽化后24小时即可交尾产卵。雌虫刺伤植物寄主叶片，形成刻点状刺孔，雌虫通过刻点取食和产卵。幼虫取食导致大量叶片死亡。在美洲斑潜蝇造成的叶片伤口中，约有15%的活卵。雄虫不能形成刻点，但可在雌虫造成的伤口上取食。雌虫产卵于叶片表皮下或裂缝内，有时也产于叶柄。产卵的数量随温度和寄主植物而异，在25℃下雌虫一生平均可产164.5粒卵。根据温度的高低，卵在2～5天内孵化。幼虫发育历期一般为

3～8 天，蛹历期一般为 6～10 天，完成 1 代约需 15 天。影响美洲斑潜蝇发生的主要因素是温度、湿度和食料。环境温度对斑潜蝇的发育速度有明显的影响：在 12℃～35℃的条件下，美洲斑潜蝇能完成生活史；在 20℃以下发育很慢；在 30℃以上种群增长急剧下降。在北方的日光温室中，2～3 月份能见到该虫的虫道。在自然界中，该虫的世代重叠明显，种群发生高峰期与衰退期极为突出。

【防治方法】 ①农业防治。温室栽培要培育无虫苗，收获后清洁温室，把被潜叶蝇为害的植株残体集中深埋、沤肥或烧毁。作物种植要合理布局，瓜类、茄果类、菜豆与该虫不为害的作物进行套种或轮作。适当稀植，增加田间通透性。②黄板诱杀。用 30 厘米×60 厘米的木板涂上黄色油漆制成黄板，在黄板上贴粘蝇纸或不干胶或凡士林等黏性物质诱杀成虫。③药剂防治。可选用 48%毒死蜱乳油 1 000 倍液，或 10%吡虫啉可湿性粉剂 1 000 倍液，或 50%蝇蛆净水溶粉剂 2 000 倍液，或 1%阿维菌素乳油 2 500 倍液，或 10%氯氰菊酯乳油 2 000 倍液，或 10%二氯苯醚菊酯乳油 2 000 倍液喷雾。用药适期掌握在成虫产卵高峰期至初孵幼虫期。

(四)蓟　马

【为害症状】 蓟马成虫和若虫均以锉吸式口器为害菜豆心叶、嫩芽。被害叶形成许多细密而长条形的灰白色斑纹，使叶片失去膨压而下垂，被害严重时叶片扭曲、变黄、枯萎。蓟马还可传播植物病毒病。

【发生规律】 以成虫、若虫在未收获的寄主叶鞘内、杂草、残株间或附近的土里越冬。翌年春成若虫开始活动为害。成虫活泼善飞，可借风力传播。成虫怕光，白天躲在叶背或叶腋处，阴天和夜间到叶面上活动取食。5～6 月份是蓟马为害盛期。能孤雌生殖，整个夏季几乎全是雌虫。初孵若虫群集为害，稍大后分散为害。蓟马喜欢温暖和较干旱的环境条件，冬季可在日光温室中继续为害。

【防治方法】 ①农业防治。早春清除田间杂草和残株落叶、集中处理，压低越冬虫口密度。平时勤浇水、除草，可减轻为害。②药剂防治。可喷洒 0.3%苦参碱水剂 1 000 倍液，或 5%啶虫脒可湿性粉剂 1 500 倍液，或 20%复方浏阳霉素乳油 1 000 倍液。喷药时注意喷心叶及叶背等处。

提起蓟马，很多菜农都觉得难治，甚至有的菜农都对其束手无策，这主要是对其生活习性不了解，因此在防治工作中存在误区，具体表现在以下 3 个方面：一是不少菜农存在急功近利的做法，体现在用药上就是仅注重杀虫，不注意杀卵，所以容易形成“按下葫芦浮起瓢”的被动局面，从而让人感觉蓟马相当难治。因此，防治蓟马要选用具有虫、卵皆杀功效的药剂，或将杀虫与杀卵的药剂混配使用。如可选用 2.5%多杀霉素悬乳剂 1 000 倍液混加 10%吡虫啉2 000 倍液进行防治。多杀霉素对害虫具有快速的触杀和胃毒作用，对叶片有较强的渗透作用，持效期较长，并且有一定的杀卵作用。吡虫啉则具有触杀、胃毒和内吸等多重作用。二是只知用药防治，不管用药时间。防治蓟马与防治其他病虫一样，都是在上午或下午用药，这是不少菜农的普遍做法。但是，这种做法不适合用于防治蓟马，因为蓟马具有趋花的习性和昼伏夜出的习性。针对其趋花的习性，应在花前用药效果才好；针对其昼伏夜出的习性，应在傍晚用药效果才好。三是只喷植株，不喷地面。这样做也是造成蓟马难防治的重要原因。因为蓟马的卵、蛹及成虫隐藏性强，不仅存在于植株上，也大量存在于土壤裂缝中，因而只喷植株杀虫不彻底。为了彻底地消灭蓟马，在喷药时应加大用药量，不仅要喷洒植株，还要喷地面，而且要喷严喷透。

(五)点蜂缘蝽

【为害特点】　成虫和若虫刺吸汁液。在菜豆植株开始结荚时,该虫往往群集为害,致使蕾、花凋落,豆荚不实或形成瘪粒;为害严重时全株枯死。

【发生规律】　1年发生3代,以成虫在枯枝落叶和杂草丛中越冬。翌年3月下旬开始活动,4月下旬至6月上旬产卵。第一代若虫于5月上旬至6月中旬孵化,6月上旬至7月上旬羽化为成虫,6月中旬至8月中旬产卵。第二代若虫于7月中旬至9月中旬羽化为成虫。第三代若虫9月上旬至11月上旬羽化为成虫,10月下旬以后陆续越冬。卵多散产于叶背、叶柄和嫩茎上。成虫和若虫极活跃,早、晚温度低时稍迟钝。

【防治方法】　在成虫、若虫为害盛期,用10%吡虫啉可湿性粉剂4 000倍液,或5%啶虫脒乳油3 000倍液,或2.5%溴氰菊酯3 000倍液等药剂喷雾1～2次,间隔8～10天。

(六)豆荚螟

【为害特点】　该虫分布普遍,寄主有60余种植物。为害菜豆、豇豆、扁豆(眉豆)等较重。以幼虫吃食花、荚和豆粒,为害严重时整个豆粒被吃空。

【发生规律】　1年发生4～6代,均以老熟幼虫在菜豆温室中越冬。一般以第二代为害春菜豆最重。成虫昼伏夜出,趋光性弱,飞翔力也不强。每头雌蛾可产卵80～90粒,卵主要产在豆荚上。2～3龄幼虫有转荚为害习性,幼虫老熟后离荚入土,结茧化蛹。

【防治方法】　消灭越冬虫源,及时翻耕整地或除草松土,可大量杀死越冬幼虫和蛹。有条件的地区,可在冬、春季灌水,灭虫效果亦很好。选栽早熟、丰产、结荚期短的品种,实行轮作。在成虫盛发期和卵盛孵期可用90%敌百虫晶体800～1 000倍液喷洒1～

2次。在成虫产卵盛期释放赤眼蜂灭卵，效果也很好。

（七）豆野螟

【形态特征】 成虫体长11毫米左右，体灰褐色。前翅烟褐色，自外缘向内有大、中、小白色透明斑各1块；后翅近外缘1/3处烟褐色，其余大部分白色、半透明，有3条浅褐色纵线。卵扁平椭圆形，浅黄色，表面有六角形网纹。幼虫体长15毫米，浅黄褐色，头顶突出。

【为害特点】 该虫主要为害菜豆等豆科蔬菜。以幼虫蛀食蕾、花、荚和嫩茎，造成落花、落蕾、落荚和枯梢。幼虫蛀食后，荚内及蛀孔外堆积粪粒，影响质量。

【发生规律】 成虫白天隐蔽在植株下部不活动，夜间飞翔，有趋光性。雌蛾主要产卵于菜豆花瓣、花托和花蕾上，嫩荚次之，也可产在嫩的梢、茎和叶上。卵散产，6～7月份卵期2～3天。幼虫共5龄，幼虫期8～10天。初孵幼虫经短时间活动即钻蛀花内为害。3龄后幼虫蛀食豆粒，粪便排于虫孔内外，一般在产卵高峰后10天左右出现蛀荚高峰。幼虫有多次转荚为害习性，老熟后在被害植株叶背主脉两侧或在附近的土表或浅土层内作茧化蛹，蛹期8～10天。

【防治方法】 ①农业防治。清洁温室，及时清除田间落花，摘除被害的卷叶和豆荚，集中处理，杀死幼虫。利用黑光灯诱杀成虫。②药剂防治。从现蕾开始，及时喷洒80％敌敌畏乳油1 000倍液，或10％氯氰菊酯乳油4 000倍液，或5％氟啶脲乳油2 000倍液。喷药时间以上午闭花前为宜，重点喷蕾、花、嫩荚及落地花。

（八）棉铃虫

【为害特点】 棉铃虫以幼虫蛀食菜豆植株的花、荚，并且食害嫩茎、叶和芽。花蕾受害后，苞叶张开，变成黄绿色，2～3天后脱落。荚果常被吃空引起腐烂而脱落。成荚虽然只被蛀食部分果肉,但因蛀孔在蒂部,便于雨水、病菌流入引起腐烂。所以,果荚大量被蛀会导致腐烂脱落,造成减产。

【防治方法】 ①农业防治。由于棉铃虫卵产在嫩芽上,可结合整枝、打杈、打顶等农业措施,及时打杈打顶以减少棉铃虫卵量。要注意及时摘除虫荚,压低棉铃虫虫口基数。采取冬前翻耕土地,浇水淹地,减少越冬虫源。②生物防治。在成虫产卵高峰后 3～4 天,喷洒苏芸金杆菌乳剂、HD-1 苏芸金杆菌或核型多角体病毒,使幼虫感病而死亡,连续喷 2 次,防效最佳。③物理防治。用频振式杀虫灯、杨柳枝诱杀成虫。④化学药剂防治。当百株卵量达 20～30 粒时即应开始用药,如百株幼虫超过 5 头,应继续用药。可用苏芸金杆菌乳剂 300 倍液或 2.5%溴氰菊酯乳油 1 000 倍液,或 20%抑食肼可湿性粉剂 800 倍液,或 5%氟啶脲乳油 1500 倍液进行均匀喷雾防治,每周喷 1 次,连续喷 3～4 次。有关研究表明,用茼蒿素杀虫剂 500 倍液防治效果也比较理想。

(九)茶 黄 螨

茶黄螨又名茶跗线螨,属蜱螨目跗线螨科。该虫在我国分布较普遍。

【为害特点】 成螨和幼螨集中在作物幼嫩部分刺吸为害,受害叶片背面呈灰褐色或黄褐色,具油质光泽或油浸状,叶片边缘向下卷曲。受害嫩茎、嫩枝变黄褐色,扭曲畸形,严重者植株顶部干枯。蕾和花均可受害,受害严重者不能坐荚。豆荚受害,荚柄及果皮变为黄褐色,丧失光泽,木栓化。植株受害严重者落叶、落花、落荚,造成大幅度减产。由于螨体极小,肉眼难以观察识别,上述被害特征常被误认为生理病害或病毒病害。

【发生规律】 在日光温室条件下,茶黄螨全年都可发生,但冬季繁殖能力较低。茶黄螨以两性生殖为主,也能孤雌生殖,但未受精卵孵化率低。卵散产于嫩叶背面、幼果凹处或幼芽上，经2～3天孵化，幼螨期为2～3天，若螨期2～3天。茶黄螨发育繁殖的最适温度为16℃～23℃，空气相对湿度为80％～90％。成螨，尤其是雄螨很活泼，当取食部位变老时，立即携带雌若螨向新的幼嫩部位转移，后者在雄螨体上蜕1次皮变为成螨后，即与雄螨交尾，并在幼嫩叶上定居下来。由于茶黄螨具有强烈的趋嫩性，所以有“嫩叶螨”之称。卵和幼螨对湿度要求高，只有在空气相对湿度为80％以上才能发育。因此，温暖多湿的环境有利于茶黄螨的发生。

【防治方法】 ①消灭虫源。铲除、消灭日光温室周边和日光温室里的杂草。蔬菜收获后及时清除枯枝落叶用于高温堆肥。②加强越冬防治。对进行冬季生产的日光温室仔细调查，发现后立即喷药，就地消灭，杜绝虫源。③药剂防治。茶黄螨生活周期较短，繁殖力极强，应特别注意早期防治。在菜豆初花期开始喷药，可用73％炔螨特乳油2 000倍液，或10％溴虫腈悬浮剂2 000倍液，或2.5％联苯菊酯乳油3 000倍液，或5％氟虫脲乳油2 000倍液等药剂交替喷雾，每10～14天喷1次，连续喷3次。

(十)红蜘蛛

【为害特点】 以成螨、幼螨和若螨群集叶背吸食汁液，致叶片出现褪绿斑点，逐渐变灰白斑和红斑，严重时片枯焦脱落。

【发生规律】 1年发生10～20代。雌成虫潜伏于菜叶、草根或土缝附近处越冬，春季开始繁殖并为害。初为点片发生，后吐丝下垂或靠爬行借风雨扩散传播等，先为害老叶，再向上扩散。当食料不足时，有迁移习性。以两性生殖为主，有孤雌生殖现象。高温干旱年份发生严重。

【防治方法】 ①农业防治。清除温室内的杂草及枯枝落叶，以减少虫源。②药剂防治。加强虫情检查，将该虫控制在点片发生阶段，用1.8％阿维菌素乳油1 000倍液或73％炔螨特乳油

1 200 倍液喷雾防治。

（十一）黄守瓜

【为害特点】 成虫和幼虫都能为害。幼虫在土里专门为害作物根部。成虫吃食叶片、嫩茎和花器，为害严重时可使全株死亡。

【发生规律】 该虫 1 年发生 2～3 代。以成虫在向阳杂草、落叶及土缝间潜伏过冬。翌年春暖后，越冬成虫先在菜地、豌豆或杂草上取食，再迁移到菜豆地为害。该虫喜温好湿，成虫耐热性强，稍有假死性。卵多产在作物根部附近的表土或干燥龟裂的土隙中。老熟幼虫在被害根附近做土室化蛹。

【防治方法】 在成虫产卵盛期，可单用或混用草木灰、石灰粉、秕糠、锯末等撒在菜豆根茎附近土面和菜豆苗叶片上，防止成虫产卵和为害。在菜豆幼苗移栽前后，于成虫盛发期喷洒 90%晶体敌百虫 1 000 倍液 2～3 次。幼虫为害时，用 90%晶体敌百虫 1 500 倍液或烟草水 30 倍液灌根。

（十二）蛴　螬

蛴螬是鞘翅目金龟甲科金龟子的幼虫。一般发生的以铜绿金龟子为主。

【为害特点】 成虫、幼虫均可为害。成虫取食叶片，有时也为害花及豆荚。幼虫食性杂，主要为害地下根系及根茎部，造成缺苗断垄，植株伤口有利于病菌侵入诱发病害。

【发生规律】 一般 1 年发生 1 代，以幼虫在土中越冬，成虫于 5 月中下旬至 9 月上旬发生，6～7 月份是其发生盛期。蛴螬具有昼伏夜出性、假死性和趋光性，并对未腐熟的厩肥有强烈趋性。幼虫具有喜湿性。成虫有多次交尾、分批产卵的习性，每雌可产卵近百粒。初孵幼虫先取食土壤中的有机质，后取食菜豆幼根；3 龄后进入暴食期，往往把根茎咬断吃光后再转移为害。春、秋季该虫为害重，且多发生在土壤疏松、厩肥多的地块。

【防治方法】 ①农业防治。施用充分腐熟的有机肥料。适时秋耕，可将部分幼虫翻至地表下。人工捡拾或使其风干、冻死或被天敌捕食。灯光诱杀成虫。②药剂防治。一是灌根。可用50%辛硫磷乳油或90%晶体敌百虫1 000倍液灌根，每株灌药液200毫升。二是施放毒土。每667平方米用晶体敌百虫100～150克，对少量水稀释后拌细土15～20千克，均匀撒在播种沟(穴)内，再覆一层细土后播种。或每667平方米用50%辛硫磷乳油1千克，开沟施入菜豆根际附近，并及时培土。三是用药剂拌种。50%辛硫磷乳剂、水、种子的比例为1∶50∶600，拌后闷种3～4小时，其间翻动1～2次，待种子干后即播种。四是喷雾。在成虫盛发期，喷洒90%敌百虫晶体1 000倍液或2.5%溴氰菊酯乳油3 000倍液灭虫。

(十三)地老虎

地老虎是蔬菜苗期经常发生的地下害虫，包括小地老虎、大地老虎和黄地老虎3种，均属鳞翅目夜蛾科。一般以小地老虎发生为主，其幼虫俗称“土蚕”。

【为害特点】 幼虫为害菜豆幼苗根茎部。3龄前幼虫在幼苗叶片和顶心嫩叶处昼夜取食，形成孔洞或缺刻。3龄后幼虫咬断幼苗近地面嫩茎，并可转株为害，形成缺苗断垄。

【发生规律】 成虫早春开始发生，3月中下旬为发蛾高峰。第一代幼虫为害盛期一般在4月中下旬。1年发生4～5代，常形成春、秋两次为害高峰。成虫昼伏夜出，对糖醋液及黑光灯趋性强。卵多产在近地面植物的叶背嫩茎以及土块、杂草上，卵期为4～11天。幼虫共6龄，3龄前昼夜为害，3龄后昼伏夜出。幼虫有假死性和互残性，老熟后入土化蛹。

【防治方法】 ①农业防治。在早春铲除菜田及其周围杂草，进行春耕细耙，杀死部分卵及幼虫。春季用糖醋液诱杀越冬代成虫，减轻幼虫为害。②诱捕幼虫。用新鲜泡桐叶或莴苣叶等堆草诱杀，每667平方米放50～60片，翌日清晨捕杀叶下幼虫。③人工挑治。在清晨扒开断苗附近的表土，捕杀潜伏的高龄幼虫。连续捕杀数日，收效较好。④药剂防治。一是用毒饵诱杀。取90%晶体敌百虫0.5升加水2.5～5升，喷拌切碎的鲜草或豆饼粉30千克，于傍晚撒在行间苗根附近，隔一段距离撒一堆，每667平方米用鲜草毒饵15千克左右。二是喷雾。对低龄幼虫可喷洒48%毒死蜱乳油1000倍液，或50%辛硫磷乳剂800倍液，或其他菊酯类农药。三是灌根。对高龄幼虫可用48%毒死蜱乳油1500倍液，或50%辛硫磷乳油1000～1500倍液灌根。

(十四)二十八星瓢虫

【为害特点】 以成虫、幼虫舔食叶肉，残留上表皮呈网状，为害严重时食光全叶。此外，还舔食豆荚表面，使受害部位变硬。

【发生规律】 该虫在夏、秋季发生最多，为害最重。成虫白天活动，有假死性和自残性。雌成虫卵产于叶背，初孵幼虫群集为害，稍大后分散为害。老熟幼虫在原处或枯叶中化蛹。卵期5～6天，幼虫期15～25天，蛹期4～15天，成虫寿命25～60天。

【防治方法】 ①农业防治。人工捕捉成虫。利用成虫的假死性，摇振植株使之坠落，用盆承接，收集后杀灭。②人工摘除卵块。雌成虫产卵集中成群，卵体颜色艳丽，极易发现，易于摘除。③药剂防治。在幼虫分散前及时喷洒2.5%高效氟氯氰菊酯乳油4000倍液，或50%辛硫磷乳油1000倍液，注意重点喷洒叶片背面。

三、生理性病害

(一)缺氮症

【症　状】 植株生长弱,叶片薄,瘦小,叶色淡;下部叶黄化,容易脱落;豆荚不饱满、弯曲。

【发生原因】 ①在日光温室条件下菜豆一般很少出现缺氮症,但在沙质土壤上新建日光温室时,土壤供氮不足或施肥量少时可能出现缺氮症。②种植前施入大量没有腐熟的作物秸秆或有机肥,碳素多,其分解时吸收土壤中的氮,造成缺氮。

【诊断要点】 ①注意观察叶片是从心叶还是从下部叶开始黄化,如果从下部叶开始黄化,则为缺氮。②种植前施用未腐熟的作物秸秆或有机肥,短时间内会引起缺氮。

【防治方法】 ①施用新鲜的有机物(作物秸秆或有机肥)作基肥要增施氮素或完全腐熟的堆肥。②应急措施。及时追施氮肥,每667平方米可施尿素5千克左右,或用1%～2%尿素水溶液进行叶面喷肥,每隔7天左右喷1次,共喷2～3次。

(二)缺磷症

【症　状】 植株早期叶色深绿,以后从下部叶变黄,整株生长差。

【发生原因】 ①堆肥施用少或磷肥用量少易发生缺磷症。②早春或越冬栽培菜豆发生缺磷症,多因地温低所致。③土壤水分过多时,导致地温低,使植株对磷的吸收受阻。④土壤呈酸性时容易缺磷。

【诊断要点】 菜豆植株是否缺磷应根据不同的生育阶段和不同季节低温程度及土壤酸碱反应进行判断。

【防治方法】 ①土壤缺磷时，应增施磷肥。②施用足够的堆肥等有机质肥料。③及时追施磷肥，每667平方米可施过磷酸钙12～20千克，或用2%～4%过磷酸钙水浸液进行叶面喷肥，每隔7天左右喷1次，共喷2～3次。

(三)缺钾症

【症　状】 菜豆下部叶易向外卷，叶脉间变黄。上部叶表现为浅绿色。

【发生原因】 土壤中含钾量低，施用堆肥等有机质肥料和钾肥少，易出现缺钾症；地温低，日照不足，过湿，施铵态氮肥过多等，妨碍对钾的吸收。

【防治方法】 ①施用足够的钾肥。②每667平方米可施硫酸钾10～15千克，或用0.1%～0.2%磷酸二氢钾水溶液进行叶面喷肥，每隔7天左右喷1次，共喷2～3次。

(四)缺钙症

【症　状】 菜豆上部叶的叶脉间浅绿色或黄色，中下部叶片下垂，呈降落伞状，幼荚生长受阻。植株顶端发黑甚至死亡。

【发生原因】 ①土壤盐基含量低，酸化，土壤钙不足，尤其是沙性较大的土壤易发生。②虽然土壤中含钙多，但土壤盐类浓度高时，也会发生缺钙的生理障碍。③施用铵态氮肥过多时也容易发生缺钙症。④土壤干燥，空气湿度低，连续高温时，易出现缺钙症状。⑤施用钾肥过多时也会发生缺钙症。

【防治方法】 ①多施有机肥，使钙处于容易被吸收的状态。②土壤缺钙，要充足供应钙肥。可施普通过磷酸钙、重过磷酸钙、钙镁磷肥和钢渣磷肥，这些肥料既是磷肥，又是含钙的肥料。③实行深耕，多灌水。④及时对叶面喷洒0.1%～0.3%氯化钙水溶液，每隔5～7天喷1次，共喷2～3次。

(五)缺镁症

【症　状】 菜豆叶脉间先出现斑点状黄化,继而扩展到全叶,叶脉仍保持绿色。严重时叶片过早脱落。

【发生原因】 ①菜豆易发生缺镁的原因之一是低温,地温低于15℃时就会影响菜豆根系对镁的吸收。②土壤中镁含量虽然多,但如果施钾过多将影响菜豆对镁的吸收。③一次性大量施用铵态氮肥也容易造成菜豆缺镁。④当菜豆植株对镁的需要量大而根不能满足其需要时也会发生缺镁症。

【防治方法】 应急的处理方法是叶面喷洒镁肥,每隔10天喷洒1次0.2%硫酸镁溶液,连喷3～4次即可收到良好效果。也可追施含镁肥料,土壤呈酸性时,每667平方米施镁石灰肥料40～60千克,液态、粉态皆可,将镁肥施于畦间。考虑到土壤中各元素间的相互关系,土壤中如钾浓度过高将影响对镁的吸收,虽土壤中有镁的存在也将引起缺镁现象,故施用镁时应注意钾的浓度。此外,土壤中虽有适量的镁,但如果缺乏磷也会引起镁的吸收不良,因此要注意镁与磷的平衡供应。

(六)缺铁症

【症　状】 由于铁与叶绿素的形成有密切关系,所以菜豆缺铁主要表现为叶片失绿黄化,甚至变成白色。铁在植物体内是不易移动的元素,因此缺铁时首先在植株的顶端等幼嫩部位表现出来。

【发生原因】 土壤中有效铁的含量与土壤酸碱度及土壤碳酸钙含量有关,因此土壤偏碱、碳酸钙含量偏高时,铁的有效性就会降低。我国北方植物缺铁的现象较南方更为常见,缺铁初期或缺铁不甚严重时,叶肉部分首先失绿变成浅绿色、浅黄绿色、黄色、甚至白绿色,而叶脉仍保持绿色,形成网状。随着缺铁时间的延长或严重缺铁，叶脉的绿色也会逐渐变浅并逐渐消失，使整个叶片呈黄色甚至白色，有时会出现棕褐色斑点，最后叶片脱落、嫩枝死亡。

【诊断要点】 缺铁的症状是出现黄化，叶缘正常，不停止生长发育；检测土壤 pH 值，出现症状的植株根际土壤呈碱性，有可能是缺铁；在干燥或多湿等条件下，根的功能下降，吸收铁的能力下降，也会出现缺铁症状；细心观察植株叶片是出现斑点状黄化，还是全叶黄化，如果是全叶黄化，则为缺铁。

【防治方法】 ①增施铁肥。将有机肥与硫酸亚铁混合施用，有机肥与硫酸亚铁混合的比例以10∶1～20∶1为宜，混合发酵1周即可施用，既可条施，也可穴施。②尽量少用碱性肥料，以防止土壤呈碱性。③注意水分管理，防止土壤过干、过湿。④应急措施是将易溶于水的无机铁肥或有机络合态铁肥配制成0.5%～1.0%的溶液与1%尿素混合喷施。

（七）缺锰症

【症　状】 菜豆上部叶的叶脉残留绿色，叶脉间呈浅绿色至黄色。

【发生原因】 ①碱性土壤容易缺锰，检测出现症状的植株根际土壤，如呈碱性，则可能是缺锰。②如土壤有机质含量低，容易引起缺锰。③如肥料一次性施用过多，导致土壤盐类浓度过高时，将影响对锰的吸收。

【防治方法】 ①每667平方米用硫酸锰或氧化锰1～2千克混在有机肥或酸性肥料中施用，可以减轻土壤对锰的固定，提高锰肥效果。也可采用其他难溶性锰肥作基肥。②增施有机肥。③施用化肥时注意全面混合或分施，勿使肥料在土壤中形成高浓度。④应急措施是用0.01%～0.02%硫酸锰水溶液进行叶面喷肥。

(八)缺锌症

【症　状】 菜豆幼叶逐渐发生褪绿病。褪绿病初始发生在叶脉间,逐步蔓延到整个叶片,已看不见明显的绿色叶脉。

【发生原因】 ①碱性土壤的 pH 值较高,使锌的有效性降低,是缺锌的主要土壤类型。②土壤有机质含量很高,增强对锌的吸附,也使锌的有效性降低。③过量施用磷肥的土壤易发生缺锌。④日光温室菜豆产量高,又连续几年未施锌肥。

【诊断要点】 缺锌症与缺钾症类似,叶片黄化,但二者的区别是黄化的先后顺序不同:缺钾是叶缘先呈黄化,渐渐向内发展;而缺锌引起黄化是由内向叶缘发展。缺锌症状严重时,生长点附近节间短缩。

【防治方法】 ①施用硫酸锌,是解决土壤缺锌问题最常用的方法,撒施、条施皆可。撒施时要结合土壤耕耙进行。播种或移栽前是土壤施锌的最佳时间,一般每 667 平方米施用硫酸锌 1～1.5 千克。②不要过量施用磷肥。③应急措施是:用 0.1%～0.2%硫酸锌水溶液喷洒叶面。

(九)缺硼症

【症　状】 菜豆生育变慢,幼叶变为浅绿色,叶畸形,发硬,易折断,节间缩短。茎尖分生组织死亡,不能开花。有时茎裂开。豆荚种子粒少,严重时无粒。侧根生长不良。

【发生原因】 ①缺硼一般发生在沙土和酸性或碱性土壤上。②土壤干燥和低温也影响菜豆对硼素的吸收。③土壤中营养元素不平衡时,常诱发菜豆缺硼。

【诊断要点】 根据发生症状的叶片的部位来确定,缺硼时症状多发生在上位叶;叶脉间不出现黄化;植株生长点附近的叶片萎缩、枯死,其症状与缺钙类似,但缺钙叶脉间黄化,而缺硼叶脉间不黄化。

【防治方法】 ①土壤缺硼，预先要施用硼肥。为了防止施硼过多或施硼不均匀，可施用溶解度低的含硼玻璃肥料或硼镁肥等，以减缓硼的释放速度。一般硼在土壤中残效较小，需年年施。②适时浇水，防止土壤干燥。③多施腐熟的有机肥，提高土壤肥力。④注意平衡施肥。⑤应急对策是每667平方米用硼砂0.3千克或硼酸0.2千克，与氮、磷、钾肥混合追施。或每667平方米用硼砂150～200克或硼酸50～100克对水50～60升作叶面喷施，一般在菜豆苗期、始果期各喷施1次。

(十)缺钼症

【症　状】 叶色浅黄，生长不良，表现出类似缺氮的症状，严重时中脉坏死。叶片变形。

【发生原因】 ①土壤有效钼的含量低。②酸性土壤有效态钼含量低，土壤pH值为8时钼有效性高。③含硫肥料的过量施用也会导致缺钼。④土壤中的活性铁、锰含量高，也会与钼产生拮抗，导致土壤缺钼。

【诊断要点】 从发生症状的叶片的部位来确定，缺钼症状多发生在上位叶；检测土壤pH值，出现症状的植株根际土壤呈酸性，有可能是缺钼；出现“花而不实”现象，则为缺钼。

【防治方法】 ①改良土壤，防止土壤酸化，在酸性土壤上施用钼肥时，要与施用石灰及土壤酸碱度一起考虑，才能取得良好的效果。②应急措施是每667平方米喷施0.05%～0.1%钼酸铵水溶液50千克，分别在苗期与开花期各喷1～2次。叶面喷肥的具体时间应在无雨无风天的下午4时以后，把植株功能叶片喷洒均匀即可。常用钼肥有钼酸铵与钼酸钠。钼酸铵含钼50%～54%，为白色或浅黄色菱形结晶，易溶于水。钼酸钠含钼35%～39%，为白色菱形结晶，也易溶于水。这两种钼肥主要用于叶面喷肥。施用时，先将钼肥用少量热水溶解，再用冷水稀释到所需要的浓度。

（十一）沤　根

【症　状】 沤根死秧为菜豆常见的生理病害，菜豆种植地区时有发生。菜豆育苗期和移植期都可发生沤根，轻则造成局部死苗或死秧，重则成片死亡。沤根主要表现为分苗或移植后植株新根极少或不产生须根，老根根皮变褐呈水浸状或呈锈褐色。长时间沤根，将使根系逐渐坏死腐烂，最后根系全部腐朽，病苗或病株极易拔起。随着病害的发展，部分叶片叶缘枯焦，地上部逐渐萎蔫。

【发生原因】 造成沤根的主要原因，是由于移植后地温长时间持续低于或高于菜豆根系生长发育需要的正常温度。或移植后浇水过大，或遇阴雨天，土壤持水量过高，土壤通透性差，根系严重缺氧，不能正常进行生理代谢，致使根系生长停滞最后坏死。通常低温、潮湿容易造成沤根。

【防治方法】 ①移植菜豆幼苗时防止过量浇水，尤其是遇阴雨天、地温较低时更须防止浇大水。高温季节注意保持土壤疏松，防止地面积水。②移植后加强温、湿度管理，正确掌握通风时间和通风量的大小，避免温室内长时间低温潮湿。③发生轻微沤根时，要及时中耕松土，提高温度，促使菜豆恢复生长。④喷洒或浇10～25 毫克/千克 ABT4 号生根粉溶液，促使植株产生新根。

（十二）菜豆高秧低产

【造成菜豆高秧低产的原因】

1. 温度不适 菜豆性喜温暖，栽培适温为 20℃～25℃，10℃以下生长受阻。15℃以下的低温易产生不完全花。30℃以上的高温、干旱易产生落花落荚现象。昼夜高温，导致植株徒长，几乎不能开花结荚。

2. 光照不足　光照不足不仅植株有徒长的趋势，同时分枝数、叶片数、主侧枝节数减少。菜豆要求较高的光照强度，如生长期内光照充足，能增加花芽分化数。

3. 水分过大　菜豆喜湿润，但不耐水渍。植株生长适宜的土壤湿度为田间最大持水量的60%～70%，空气相对湿度以55%～65%左右为宜。如空气湿度大，作物光照不足，易徒长、感病而引起落花落荚。

4. 施肥不及时，缺乏磷、钾肥　菜豆对土壤营养要求不严，但在菜豆根瘤菌还未发挥固氮作用以前的幼苗期，应适当施用氮肥，若此时施肥不及时，会影响植株生长。结荚后应适当补充磷、钾肥，否则会影响植株发育，从而降低产量和品质。

5. 气体的影响　一是土壤板结，透气性差，缺少氧气，影响根系的发育和根瘤的形成。二是日光温室密闭环境往往使二氧化碳不足，影响光合产物的形成。

【解决菜豆高秧低产的措施】

1. 通过栽培措施满足菜豆不同生育期对温度的要求　采用高畦地膜覆盖栽种。畦高15厘米，畦面呈龟脊状，同时铺设地膜，以利于提高地温，促使根瘤菌良好生长和根系发育。幼苗期采取多层覆盖，使温室保持18℃～20℃，开花结荚期保持18℃～25℃。以后随着外界温度的提高，加强通风降温，使温室内温度不能高于30℃。

2. 保证足够的光照条件　合理稀植。按行距80厘米、株距20厘米交错点播在高垄上，以改善光照条件。采用新的聚氯乙烯无滴膜，并及时清扫膜上灰尘，增加透光率。每天尽量早揭晚盖草苫，以延长光照时间。及时摘除老叶、黄叶，改善通风透光条件。

3. 降低温室内湿度　铺设地膜，实施膜下浇水，将空气相对湿度控制在55%～65%，可有效地防止病害发生，且秧苗生长健壮。严把浇水关，菜豆在开花结荚前的营养生长期对水分的反应很敏感，第一花序开花期一般不浇水，防止枝叶徒长，造成落花。尤其蔓生品种如过早浇水，会造成根系浅，茎叶生长旺盛，花序发育不良，易造成大量落花，故开花结荚前不浇水。豆荚开始膨大，伸长时，应结束蹲苗期，需要供给充足的肥水，但土壤不可积水，也不能干旱，否则均会造成落花落荚。具体应把握以下几个环节：苗期保持土壤湿润，见干见湿；初花期适当控水；结荚期在不积水的前提下勤浇水，每次采摘后都要重浇水（膜下浇水）。

4. 适时追肥 菜豆在播种后12～15天应及早追施氮肥。坐荚后追第二次肥，每667平方米追施尿素20千克，钾肥10千克，或50%人、畜粪尿2 500～5 000千克。一般蔓生种较矮生种需肥量要大。每采收1～2次追1次肥，最好化肥与人粪尿交替施用。

5. 调节好日光温室内气体 注意排水降涝，改善土壤中氧气状况。在保证适宜的温度、水分等条件下，通风换气，增加温室内二氧化碳含量或进行二氧化碳施肥。

（十三）菜豆落花落荚

菜豆分化的花芽数很多，开花数也较多。蔓生品种比矮生品种菜豆分化的花芽数更多。据观察，蔓生菜豆每植株能发生花序10～20个，每个花序有花4～10朵，但其结荚率仅占开花数的20%～35%。由此可见，只要能减少落花、落荚数、提高菜豆的结荚率，菜豆的增产潜力是相当大的。

1. 菜豆落花落荚的原因

（1）植株营养分配不当　落花落荚从根本上说是植株对环境的一种适应性反应，品种之间有一定差异。即便是同一个品种，个体之间也会有差异。在稀植条件下，菜豆植株基部的花序开花、结荚比中部的花序多，而中部的花序开花、结荚又比上部的花序多；而在密植条件下，情况正好相反，上部花序开花、结荚数多于中下部的花序。花序之间也有相互制约的倾向，如前一花序结荚多、则后一花序结荚往往减少。就每个花序来说，基部1～4朵花的结荚率较高，其余花多数脱落，即使结荚，最后也难免脱落。蔓生菜豆的落花落荚在不同生育期的原因有所不同。一般说，初期落花多是由于随着植株发育而引起的养分供应不均衡所致，中期落花多是由于花与花之间争夺养分而引起，而后期落花则常是由于营养不良与环境条件不良造成的。

(2)温度　菜豆在花芽分化期和开花期遇到10℃以下低温和30℃以上高温，都会使花芽发育不全，增加不孕花，降低或丧失花粉生活力，影响花粉发芽和花粉管在雌蕊上的伸长速度，使雌蕊不能受精而落花落荚。

(3)空气湿度和土壤水分　菜豆开花期对空气湿度较为敏感，湿度过低过高均不利于授粉受精。菜豆花粉萌发和花粉管伸长的最适宜的综合条件为：温度20℃～25℃，空气相对湿度94%～100%，蔗糖浓度14%。土壤湿度低时，植株开花结荚数减少；而土壤湿度大时，植株的开花数多。但由于花朵之间对养分的竞争而使结荚率降低，土壤干旱和空气过度干燥，也会使花粉畸形和失去生活力。此外，土壤水分过多能引起菜豆根部缺氧，使地上茎基部的叶片黄化脱落而引起落花落荚。

(4)光照　菜豆的光饱和点为2万～3.5万勒克斯，当光照时数减少、日照强度减弱时，植株的光合强度降低，植株发育受阻，致使落花落荚增加。在保护地栽培条件下，光照较露地弱，为此应选用透光率高的塑料薄膜，并经常清洁棚膜。

(5)土壤营养　一般来说，菜豆花芽分化以后，增加氮素供应能促进植株的生长，增加花数和结荚数；但是如果氮素供应过多同时水分也供应充足时，便容易引起茎、叶徒长，最后导致落花、落荚；如果供应的营养物质不能满足茎叶生长和开花结荚的需要，就会造成植株各部分争夺养分的现象，从而引起落花落荚。另外，土壤缺磷，常会使菜豆发育不良，使开花数和结荚数减少。

(6)其他不良环境因素　如选地不当，种植过密，吊架、施肥、灌水及防治病虫害等措施不当，都会引起菜豆落花落荚。

2. 如何防止落花落荚

(1)选用良种　选用适应性广、抗逆性强、坐荚率高的丰产优质菜豆品种。

(2)适期播种培育壮苗　无论是保护地春提前或秋延后栽培，只有掌握好适期播种才能充分利用最有利于菜豆开花结荚的生长季节，使植株生长健壮并增强适应性，从而减少落花落荚。

(3)加强田间管理　适当合理密植，应用排架、吊绳或人字架等架型，为菜豆生长创造一个良好的通风透光环境，促使植株生长健壮而正常开花结荚。定植缓苗后和开花期以中耕保墒为主，促进根系健壮生长。植株坐荚前要少施肥，坐荚期要重施肥，施肥应掌握不偏施氮肥，注意增施磷、钾肥。浇水应掌握使畦土不过湿或过干。及时防治病虫害，使植株生长健壮，能正常地开花坐荚。此外，还应及时采收嫩荚，以提高营养物质的利用率和坐荚率。

(4)适时使用植物生长调节剂　为防止菜豆发生落花落荚，可对正在开花的花序喷施 5～25 毫克/千克萘乙酸或 2 毫克/千克防落素水溶液。

综上所述，菜豆出现一定的落花数是正常的，只要通过运用各种栽培技术措施，达到一定的坐荚率，就可以增产增收。

(十四)菜豆高温障碍

1. 菜豆的生长发育与高温障碍

(1)菜豆营养生长与温度　菜豆的发芽适温为 20℃～30℃，最高温为 35℃，在 40℃和 10℃的条件下基本不发芽。菜豆根的生长最低温 8℃，最适温 28℃，最高温为 38℃。在强光照条件、30℃～35℃高温下，菜豆同化率降低不明显。因而在高温下其营养生长并不太受抑制。

(2)高温对花芽分化的影响　菜豆开始花芽分化所需的积温为227℃～241℃,即使不同播种期也需达到大致相同的积温才开始花芽分化,在相同的积温下,显示出大致近似的花芽分化数。因此,夏季较高的温度能在较短的时间内满足花芽分化的积温要求,花芽发育的天数缩短,但花芽质量差;在30℃高温下,菜豆花芽发育初期较快,花芽数也多,但随着高温时间延长,发育速度减慢,到柱头形成期前后停止发育,此后即使发育,花粉母细胞形成也不完全或花芽整体的发育减弱,多脱落或消失。夜间高温有着同样的趋势。平均气温达25℃以上,花芽分化开始减少。花芽分化期遇高温其荚长缩短,每株荚数减少,导致减产,推断其有害的温度界限是为27℃～28℃。

(3)高温与开花结实　发育良好的花芽,开花期温度高,结荚也不良。在15℃～25℃的条件下,结荚率较好;在30℃～40℃下,结荚率很差;在10℃和45℃下不结荚。另外,开花当天的气温与结荚率之间呈负相关。说明在夏季高温期栽培菜豆,主要是高温(包括高夜温)引起落花而严重影响产量。综上所述,高温主要是影响菜豆的生殖生长,以柱头形成期前后到开花结荚期受到的影响最大,超过30℃,开花结荚显著不良。

2. 克服高温障碍,提高结荚率的措施

(1)应用生长调节剂　高温少雨时,在开花期喷1毫克/千克防落素液,或15毫克/千克萘乙酸液,或15毫克/千克吲哚乙酸液,具有减少落荚、提高坐荚率的作用。

(2)宽行栽培　将畦宽(连沟)加大至1.4～1.5米,蔓生菜豆栽2行,畦向与当地风向基本相同,有利于通风散热,降低田间温度。

(3)加强肥水管理　全生育期或生育前期喷1毫克/千克维生素B_1液,能提高着蕾数、开花数和结荚率,并能增加单荚重量,且生育期有提早趋势;畦面进行覆草(尤其是6月至7月上旬播种的菜豆)，既能降低温度又可保湿；开花结荚期遇高温干旱要及时灌溉，保持土壤湿润(含水量60%左右)，可避免和减轻高温、干燥对结荚的双重影响，提高坐果率。

(十五)菜豆不坐荚

【症　状】 菜豆植株生长旺盛，但坐荚非常少。即使是坐住的荚，也有很多弯荚，幼荚脱落的现象严重。

【发生原因】 菜豆不坐荚是一种典型的生理性病害，主要有两种原因：一是由于菜豆花芽分化不好，菜豆不能进行正常的授粉，即在花芽分化时碰上不良天气如低温弱光等(前一段的连阴、大雪是一个重要因素)；二是由于生长不平衡即营养失调造成的，如果植株生长过旺，植株消耗养分过多，造成营养生长过旺，生殖生长不足。同时也与夜温过高有关，夜温过高将使植株生长过旺，造成菜豆不坐荚。

【防治方法】 ①加强温度管理。长期高温会导致菜豆植株早衰，长期低温会导致菜豆只长蔓不坐荚，使总产量降低。因此，菜豆初花期后白天要保持在22℃～24℃，昼夜温差在10℃以上，早晨揭棚前室内温度以不低于12℃为宜。有的菜农长期将花期温度控制在24℃以上或长期低于22℃，会导致落花严重。②喷洒植物生长调节剂。选晴天的下午叶面喷洒助壮素750倍液，以控制菜豆的长势。③合理施肥，喷洒微量元素叶面肥。要注意少施用氮肥，适当增施含钾量高的复合肥及生物肥等肥料，也可适当施用部分腐殖酸肥料。也可往植株上喷洒含有硼、钙的叶面肥等，有利于菜豆开花坐荚。

(十六)菜豆秕荚

【症　状】 豆荚无籽粒部分不膨荚，完全无籽粒时发育过程中容易变黄脱落。

【发生原因】 菜豆出现秕荚,与授粉坐荚时期天气情况和菜农过度摘叶有很大关系。一是温度过高,尤其是下半夜温度过高,就会使叶片光合产物消耗过大,导致营养消耗过大,致使菜豆果实发育不完全,出现秕荚。二是光照不足。阴雾天气较多,温室内光照不足,光合作用会大大降低,光合产物积累偏少,不能正常供应菜豆生长需要。三是一次性摘叶过度。菜农为了防止黄叶感染病害,一味地摘除叶片,有些菜农直接把中上部叶片都给摘除了,导致叶片不足。

【防治方法】 严格调控温室内温度、加大昼夜温差。菜豆授粉的温度范围较窄,一般白天温度应控制在 23℃～25℃,不能超过 25℃,夜间温度控制在 13℃～14℃,以促进花芽分化正常,保证菜豆正常坐荚。及时将菜豆下部老叶去除,擦净棚膜,以此改善光照条件,使光合作用正常进行。提倡摘除病叶、老叶以防治病害,但摘叶要适度。顶部新叶尚未发育完全,叶片制造营养的能力较低,而且新叶生长需要大量营养,需要其他叶片供应。中上部叶片发育完全,光合效率高,制造的营养供应菜豆果荚、根系和新叶生长,是叶片光合作用的主力,不可轻易摘除,一般在一批豆荚完全采收之后再摘除为宜,但要注意只能摘除下部老叶、病叶。

(十七)菜豆弯荚

【症　状】 豆荚不直,出现弯豆荚。菜豆出现弯荚后,造成其商品性降低。

【发生原因】 菜豆弯荚是一种生理性病害,与植株的长势有关。一般植株长势过旺,营养生长过盛,而生殖生长不足(即养分全被植株吸收),豆荚生长所需要的养分不均衡,所以出现弯豆荚较多。

【防治方法】 ①采用配方施肥,保证营养供应。不宜过多施用氮肥,可多施有机肥、高钾复合肥、生物肥及腐殖酸类肥料等,保证营养均衡。②适当控制温度，白天一般保持30℃以下，温度过高容易出现落花。夜间温度尤其不宜过高，早晨揭草苫时温度要控制在15℃左右，否则植株易出现旺长而影响其坐荚率。③宜小水勤浇，盛花期不宜浇大水，浇大水会造成菜豆出现落花、落果现象，对菜豆的生长不利。

(十八)菜豆露粒

【症　状】 菜豆出现露粒现象，即在菜豆刚坐住、豆荚还很短的情况下，豆荚就已经开裂。这类菜豆一般较弯曲，同时主要是裂内侧，露出里面的小豆粒。

【发生原因】 菜豆露粒是一种生理性病害，是当前菜豆上发生较重的病害之一，同时在其他类菜豆上也出现了此类病害。生理性病害发生的原因主要与品种及天气有关。有的品种在低温弱光情况下出现此类情况，说明这类品种耐低温弱光能力较差；而大部分的植株在低温弱光情况下进行花芽分化时，容易受到外界不良环境的影响，从而出现花芽分化不良的情况，即有的花芽分化不好，在开花坐荚时不能完成正常的授粉受精过程，从而出现豆荚露粒的情况。

【防治方法】 ①做好保温措施。在菜豆花芽分化的时候，要注意做好保温措施，同时也可喷洒叶面肥如海藻素或甲壳素等，以提高菜豆的保花保荚能力。②补充营养。可叶面喷洒含有硼、钙的中微量元素叶面肥，可促进菜豆的坐花坐荚能力，避免菜豆出现露粒的情况。③施用肥料。可多冲施钾肥如挪威海德鲁高钾复合肥或硫酸钾或硝酸钾等肥料，少施用氮肥，同时多施用生物肥如沃达丰菌物生态复合肥等肥料。

(十九)独粒豆

【症　状】 豆荚只有1粒籽粒，其余部分既无籽粒也不膨荚，是一种最严重的秕荚。

【发生原因】 主要是开花前和坐荚前温度不适宜所致。一般这两个时段应将温室内温度控制在25℃～28℃,夜温应控制在15℃～16℃,如果温度偏差过大则容易出现"一粒豆"畸形荚。另外,缺乏硼元素也可导致出现大量畸形豆荚。

【防治方法】 开花前和坐荚前按上述温度指标管理。花前花后应适量补充硼肥。

(二十)菜豆氨气害

【症　状】 受害叶片初期呈水浸状,以后逐渐褪为浅褐色。幼芽或生长点萎蔫,严重时叶缘焦枯,全株生理失水干缩而死。

【发生原因】 一是施用了过量的尿素、碳酸氢铵、硫酸铵等氮素肥料;二是施用了没有充分腐熟的人粪尿、厩肥等有机肥料;三是在温室内发酵饼肥或者鸡粪等肥料;四是追肥时将肥料撒于地面。据测定温室内氨气浓度达5毫升/米^{3}时,就出现危害症状。

【防治方法】 ①冬季温室内施肥应以基肥为主,以追肥为辅,避免偏施氮肥。追肥应"少吃多餐",每次每667平方米施氮肥不超过10千克。施肥后盖土10厘米厚,并立即浇水,使肥料能被土壤吸附。尽可能不施用碳酸氢铵,不在温室内地表施用能直接或间接产生氨气的肥料。②及时通风排气。经常注意检查是否有氨气产生。当嗅出有氨味时,必须及时通风排气。晴天中午气温较高时,打开通风口,使温室内空气流通,降低温室内有害气体含量。如果发现温室内氨气含量过高,可在温室内洒些水,以吸收氨气。③采取补救措施。当温室内蔬菜已出现氨气中毒症状时,除通风排气外,还须采取以下五项措施:一是快速灌水,降低土壤中肥料浓度;二是根外喷施惠满丰(主要成分为腐殖酸)、高美施等活性液肥,浓度为1∶500倍液,能较好地平衡植株体内和土壤的酸碱度;三是可在植株叶片背面喷施1%食用醋,以中和氨气,减轻和缓解其危害；四是在植株受害尚未枯死时，去掉受害叶，保留尚绿的叶；通风排除有害气体后，加强肥水管理，使受害植株逐渐恢复生长；五是当出现危害时，可喷施 1∶800 倍的惠满丰活性液肥或纳米磁能液(系纳米级中草药提取物，为黑龙江农王磁能新型生物肥料有限公司生产)2 500 倍液，能较快地解除毒害，恢复正常生长。

(二十一)菜豆亚硝酸气害

【症　状】 菜豆亚硝酸气害症状同氨气危害相似。但氨气危害叶肉，叶片以变褐为主。而亚硝酸气体危害叶绿素，受害叶片变白，受害部位下陷并与健康部位界限明显。多发生在中部活力较强的叶片上，心叶和活力弱的叶片后发病。受害叶片初在叶缘和叶脉之间呈水浸状斑纹，2～3 天后叶片变干，并呈白色。因施肥过多引起的亚硝酸气危害，多与肥害相伴发生。

【发生原因】 温室内亚硝酸气体一般来源于土壤中亚硝酸气体的挥发。在一般农田土壤中，通过施肥进入土壤中的铵和有机质分解释放出的氨，逐渐被土壤微生物氧化为硝酸态氮。在这一过程中，首先由亚硝化细菌将氨氧化为亚硝酸态氮，然后由硝化细菌将亚硝酸态氮氧化为硝酸态氮。即使在土壤盐类浓度高、硝化细菌数量少的情况下，铵和亚硝酸也是按比例生成。积累在土壤中的亚硝酸将以亚硝酸钙的形式存在，不会产生亚硝酸气体，但当土壤的 pH 值$<$5 时，亚硝酸钙就会生成亚硝酸气体挥发到温室内。

【防治方法】 施用充分腐熟的农家肥。施化肥特别是施尿素时，要少施勤施，施后及时浇水。发现温室内出现气害时，要加强通风，连阴天也要适当通风，一是早晨揭棚时小通风，由于亚硝酸气体经过一个夜晚的释放，温室内有害气体含量较大，须通过通风将有害气体放出。二是中午大通风，这时温室内温度过高，应尽可能地延长通风时间，将有害气体浓度降至最低限度。如造成危害后应及时喷施叶面宝（营养型植物喷施药剂，含 N＞1%，P_2O_5＞7%，K_2O＞2.5%，有机质＞30%，以及高效植物生长调节剂）等叶面肥加以缓解。

（二十二）菜豆豆荚过短

【症　状】 菜豆豆荚特别短。

【发生原因】 一是抑制剂使用过量。不少菜农为了防止“旺了植株不坐荚”，在生长前期往往靠喷用矮壮素来控制旺长。一旦矮壮素使用浓度过大，就容易造成菜豆豆荚生长受阻，出现短豆荚。二是温度调节不适宜。在菜豆温室中，温度很难把握，温度低于15℃或高于30℃时，都会引起菜豆生长发育不正常，特别是花芽分化不良，因而产生短豆荚。如果夜间温度过高，昼夜温差小，也会造成菜豆短荚现象。因为昼夜温差小，会导致植株营养消耗过大，致使豆荚得不到充足的营养，必然影响花芽分化，出现短豆荚，产量也会降低。

【防治方法】 如矮壮素使用浓度过大，可及时喷洒芸薹素内酯、2.85%硝·萘酸水剂等缓解。生产中要充分调控好温度，减少短豆荚。一般白天温室内温度控制在23℃～28℃、夜间温度控制在15℃时，最适宜菜豆生长。